반려견
홈케어

반려견 홈케어

김나연 지음

포레스트북스

"길들인다는 게 무슨 의미야?"

"그건 사람들이 너무나 잊고 있는 건데……. '관계를 맺는다'는 의미야."

"관계를 맺는다고?"

"응, 넌 아직 나에게 수많은 다른 아이들과 하나도 다를 게 없는 아이일 뿐이야. 그러니까 난 네가 필요하지 않아. 너도 내가 필요하지 않고. 너에게 나는 수많은 다른 여우들과 다를 바 없는 한 마리 여우일 뿐이거든. 하지만 네가 나를 길들인다면 우리는 서로 필요하게 되는 거야. 너는 나에게 이 세상 단 하나뿐인 아이가 되는 거고, 나는 너에게 이 세상 단 하나뿐인 여우가 되는 거지."

(…)

"하지만 너는 잊어서는 안 돼. 넌 영원히 네가 길들인 것에 책임을 져야 해. 넌 네 장미꽃에 책임이 있어."

– 생 텍쥐페리, 김미성 옮김, 『어린 왕자』, 인디고, 2015년, 114쪽.

반려동물과 가족이 된다는 것, 그리고 한 동물을 사랑으로 보살피고 길들이는 일에는 많은 노력과 책임이 뒤따릅니다. 길들인다는 것은 서로를 필요로 하게 된다는 것이고, 서로에게 소중한 존재가 되어가는 과정이니까요. 삶의 중요한 한 자리를 내어주는 일은 결코 가볍지 않습니다. 서로의 삶에 스며들어 한 사람의, 한 동물의 삶을 가장 가까이에서 함께하는 것이기 때문입니다.

저는 수의사이기 이전에 반려견 민트와 반려묘 냥냥이의 보호자이기도 합니다. 부족하지만 민트와 냥냥이에게 좋은 가족이 되기 위해서, 그리고 그 책임의 무게를 잊지 않기 위해서 노력하며 살아가고 있습니다. 소중한 존재가 생긴다는 것은 그 존재로 인해 아프고 다칠 마음을 한구석에 마련해놓는 것과 같다는 생각이 듭니다.

몇 년 전 민트가 아팠을 때 느꼈던 타들어 가는 듯한 초조함과 먹먹함이 지금까지도 선명합니다. 그 일을 통해 민트가 제 인생에서 얼마나 소중한 존재인지 새삼 느끼게 되었고, 앞으로 후회할 일을 만들지 말자는 다짐으로 이전보다 더욱 애정을 기울이고 있습니다. 민트와 추억을 만들며 시간을 보내는 걸 아끼지 않게 되었고, 민트가 건강하게 나이 들 수 있도록 집에서도 여러 방면으로 노력하고 있습니다. 주기적으로 건강검진을 한 덕에 갑상샘 기능 저하증도 조기에 발견할 수 있었고, 부종이 생기면 마사지도 틈틈이 해주고 있습니다.

모든 반려견은 저마다의 가정에서 소중한 존재일 것입니다. 그 소중한 반려견을 돌보고 키우는 과정에서 대부분의 보호자는 어느 정도 시행착오를 겪기 마련입니다. 이러한 시행착오를 줄이면서 소중한 반려견과 추억을 쌓고 올바른 방법으로 돌볼 수 있도록 가이드를 제공하기 위해서 이 책을 쓰게 되었습니다. 책을 쓰는 동안, 보호자가 갈증을 느끼는 부분이 어느 지점인지 더 구체적으로 파악하게 되었습니다.

먼저 많은 보호자가 집에서 해줄 수 있으면서 반려견에게 도움이 되는 것, 즉 '홈케어'에 대해 궁금해했습니다. 전문적인 진료와 치료는 수의사에게 믿고 맡기면 되지만, 그 밖에 가정에서 반려견을 돌볼 때 해줄 수 있는 것들로는 어떤 것이 있고, 어떻게 해주면 좋은지 알고 싶다는 의견이 많았습니다.

그리고 수의사가 자신의 반려견에게 해주는 케어에 대해 관심을 가진 분들도 많았습니다. 실제로 수의사들은 현장에서 "선생님 강아지라면 어떻게 하시겠어요?"라는 질문을 보호자분들께 종종 듣습니다. 제가 실제로 민트에게 해주는 케어 방법들도 이 책에 함께 담았습니다.

이러한 의견들을 참고하여 집에서도 해줄 수 있는 홈케어 내용을 중심으로 책을 구성하게 되었습니다. 누구라도 어렵지 않게 적용할 수 있도록 소개하였으니, 차근차근 따라 해보세요. 반려견의 삶의 질도 높아지고, 보호자의 행복도 커질 것입니다. 다만 한 가지는 꼭 기억하시기를 바랍니다. 아픈 강아지를 위한 전문적인 케어가 필요할 때는 반드시 동물병원에서 진료와 영양 상담, 마사지, 재활치료 등을 받아야 한다는 것입니다. 우리나라에도 영양, 마사지, 재활치료, 침술 등의 분야에서 높은 수준의 전문성을 가지고 활동하는 수의사가 많이 있습니다.

레시피를 수록하도록 허락해주신 숀 J. 딜레이니Sean J. Delaney 선생님께 감사드립니다. 딜레이니 선생님은 미국의 수의영양학 전문의로, 반려견의 영양과 건강 문제를 오래도록 연구해온 밸런스 IT의 창시자이기도 합니다.

끝으로 항상 곁을 묵묵히 지켜주는 사랑하는 남편과 가족들, 민트와 냥냥이, 믿어주고 격려해준 고마운 친구들, 영감과 용기를 준 동물 친구들과 보호자분들께 깊은 감사의 마음을 전합니다.

2019년 봄

김나연

contents

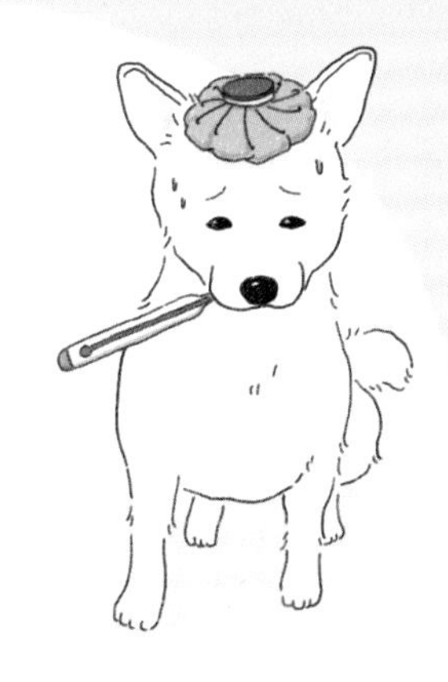

PART 2

건강 관리와 응급 상황 대처하기

CHAPTER 3 기초 건강 관리

CHAPTER 4 응급 상황 대처

PART 3

편안한 반려견을 위한 홈 마사지

CHAPTER 5 기초 마사지 기법

CHAPTER 6 다양한 마사지 방법

PART 4

활기찬 반려견을 위한 홈 트레이닝

부록

마음의 안정을 위한 배치 플라워

PART 1

영양 관리와 가정식 만들기

기초 영양 관리

01

신체충실지수로 보는 반려견의 상태

함께 사는 가족의 눈에는 반려견이 말랐든 뚱뚱하든 다 사랑스럽게 보이겠지요. 하지만 저체중이나 과체중은 반려견의 건강에 좋지 않습니다. 사람의 경우에는 비만 평가를 위해 키와 몸무게를 이용해서 계산하는 BMI지수를 널리 사용합니다. 그렇지만 개와 관련하여 신뢰할 만한 BMI지수는 개발되어 있지 않습니다. 개는 몸의 크기나 체중이 다양하기 때문에 신체충실지수Body Condition Score, BCS를 주로 사용합니다. 그 밖에도 여러 방법이 있지만, 신체충실지수가 보다 실용적이어서 자주 쓰이며 가정에서도 간단히 측정할 수 있습니다.

 신체충실지수 확인하기

신체충실지수는 주로 시각과 촉각을 활용하여 반려견의 체중에 따른 정도를 5단계나 9단계로 나누어 평가하는 척도입니다. 여기서는 초보자도 쉽게 확인할 수 있도록 5단계의 신체충실지수를 살펴보겠습니다. 특히 갈비뼈와 척추의 허리뼈 부분을 주의 깊게 만져보기 바랍니다.

신체충실지수 5단계

1단계: **체중 미달**

매우 마른 상태로 갈비뼈, 척추의 허리뼈와 엉덩뼈가 쉽게 만져집니다. 뼈가 잘 만져진다는 것은 피부와 뼈 사이에 살이 없다는 뜻이며, 말 그대로 '피골상접' 상태라 할 수 있습니다. 겉으로 보기에도 갈비뼈, 척추뼈, 엉덩뼈가 두드러지게 돌출되었음을 확인할 수 있습니다. 위에서 봤을 때 그림처럼 허리 쪽이 움푹 들어가 있어서 마치 모래시계처럼 보입니다.

2단계: **저체중**

마른 상태로 갈비뼈가 쉽게 만져집니다. 지방이 얇게 덮여 있는 상태입니다. 허리뼈와 엉덩뼈에도 피부와 뼈 사이에 살이 아주 조금 있어서 뼈가 쉽게 만져집니다. 겉으로 보기에도 갈비뼈, 척추뼈, 엉덩뼈가 살짝 돌출되어 있음이 확인됩니다. 위에서 봤을 때 허리 쪽이 들어간 모래시계 모양입니다.

3단계: **이상적인 체형**

약간의 지방이 덮여 있는 상태로 갈비뼈가 만져집니다. 허리 부분에도 약간의 지방이 느껴지지만 뼈가 쉽게 잘 만져집니다. 외관상 허리뼈와 꼬리가 맞닿은 부위가 부드럽게 이어집니다. 위에서 봤을 때 허리선이 부드러운 곡선을 이루며 살짝 잘록한 모습입니다.

4단계: **과체중**

지방이 상당히 붙어 있어서 갈비뼈와 허리뼈를 덮고 있습니다. 잘 만져보면 뼈를 확인할 수 있지만, 쉽게 만져지지는 않습니다. 위에서 봤을 때 허리선이 드러나지 않습니다.

5단계: **비만**

갈비뼈를 덮고 있는 지방층이 너무 두꺼워서 갈비뼈를 만지기 어려운 상태입니다. 허리뼈와 엉덩뼈도 지방층 때문에 잘 만져지지 않습니다. 뼈의 돌출부위들이 다 살에 묻혀 있는 상태입니다. 위에서 봤을 때 허리를 찾기 어렵고, 앞이나 뒤에서 봤을 때 배가 불룩 나와 있습니다.

보호자들은 반려견이 과체중이나 비만이더라도 뚱뚱하지 않다고 생각하는 경향이 있습니다. 따라서 직접 만져보고 살펴보면서 반려견의 상태를 체감해야 합니다. 이상적인 체형의 반려견은 눈으로만 봤을 때는 갈비뼈나 허리뼈 등이 잘 두드러지지 않지만, 손으로 만져보면 쉽게 확인됩니다. 정상적으로 만져져야 하는 뼈들이 살과 지방에 파묻혀 만져지지 않는다면 경각심을 가져야 합니다. 특히 5단계에 해당한다고 생각된다면 동물병원에 가서 신체충실지수를 전문적으로 평가받고 비만 관리를 시작해야 합니다.

신체충실지수에 따른 체지방률 확인하기

신체충실지수는 반려견의 상태를 눈으로 보고 손으로 만지면서 확인할 수 있다는 장점이 있습니다. 또한 체지방률이 어느 정도인지 추정할 수 있고, 적정 체중도 계산할 수 있습니다.

신체충실지수 단계별 체지방률

신체충실지수	체지방률(%)
1단계	5 미만
2단계	10
3단계	20
4단계	30
5단계	40 이상

신체충실지수가 1단계라면 체지방률이 5% 미만이고, 2단계이면 약 10%에 해

당합니다. 3단계는 20%이고, 4단계는 30%이며, 40% 이상이면 5단계에 해당합니다. 15~20% 정도의 체지방이 적정한 수준이며 30%는 과체중이 우려되는 기준점입니다. 따라서 4단계부터는 체중 감량을 시작해야 합니다. 비만이 심한 경우 체지방이 50%를 훌쩍 넘기도 합니다. 신체충실지수의 특성상 비만과 고도비만을 가려내기는 어려우므로, 반려견이 심한 비만이라면 동물병원에서 전문적인 상담을 받기를 권합니다.

 적정 체중 계산하기

반려견의 적정 체중을 계산하기 위해서는 신체충실지수와 반려견의 현재 체중도 측정해야 합니다. 반려견용 체중계를 이용하면 체중을 보다 정확하게 측정할 수 있습니다. 전용 체중계가 없거나 반려견이 혼자 체중계에 오르지 않으려 한다면, 보호자가 반려견을 안은 채 체중계에 올라서서 몸무게를 측정한 뒤 자신의 몸무게를 빼도 됩니다.

반려견의 현재 체중과 신체충실지수를 측정했다면, 다음의 공식을 이용하여 적정 체중을 계산할 수 있습니다.

$$\text{적정 체중} = \text{현재 체중} \times \frac{(100 - \text{체지방률})}{100} \div 0.8$$

예를 들어 반려견의 현재 체중이 4kg이고 신체충실지수가 4단계(체지방률 30%)라면, 적정 체중은 3.5kg(4×0.7÷0.8)에 해당합니다. 하지만 계산된 적정 체중이 절대적인 기준은 아니라는 점을 기억해야 합니다. 실질적인 목표 체중은 반려견의 신체 상태나 특징에 따라 다소 차이가 있을 수 있습니다. 적정 체중은 참고용으로만 활용하고, 신체충실지수상 이상적인 상태에 도달하는 것을 체중 조절의 목표로 삼아야 합니다.

따라서 체중 조절 기간에는 주기적으로 신체충실지수를 평가하여 체중 감량의 목표와 속도를 조절해야 합니다. 반려견의 건강하고 성공적인 체중 조절을 위해 동물병원에서 전문적인 상담을 받는 것이 좋습니다.

02

건강하게 체중을 조절하는 법

혹시 다이어트를 하면서 하루 동안 먹은 음식의 칼로리를 계산해본 적이 있으신가요? 하루에 소모되는 칼로리보다 덜 섭취하면 당연히 살이 빠지게 됩니다. 반려견의 체중을 조절할 때도 마찬가지입니다. 어느 정도를 먹일지 결정하려면, 반려견에게 필요한 적정 수준의 칼로리를 알아야 합니다.

반려견 영양 관리를 위해 주로 사용되는 두 가지 개념인 휴식 에너지 요구량Resting Energy Requirement, RER과 일일 에너지 요구량Daily Energy Requirement, DER에 대해 살펴보겠습니다.

 휴식 에너지 요구량

휴식 에너지 요구량은 휴식을 취하는 동안의 대사량을 말합니다. 반려견이 공복이 아닌 상태로 쉴 때 하루 동안 소비하는 열량입니다. 휴식 에너지 요구량을 계산하는 방법에는 두 가지가 있으며, 둘 다 체중을 기반으로 합니다.

$$① 휴식 에너지 요구량 = 70 \times 체중^{0.75}$$

$$② 휴식 에너지 요구량 = 30 \times 체중 + 70$$

체중에 따른 휴식 에너지 요구량 값의 예시

반려견 체중 (kg)	①번 공식으로 계산한 휴식 에너지 요구량 (kcal/day)	②번 공식으로 계산한 휴식 에너지 요구량 (kcal/day)
2	117.7	130
3	159.6	160
4	198.0	190
5	234.1	220
6	268.4	250
7	301.2	280
8	333.0	310
9	363.7	340
10	393.6	370
11	422.8	400
12	451.3	430
13	479.2	460
14	506.6	490
15	533.5	520
16	560.0	550

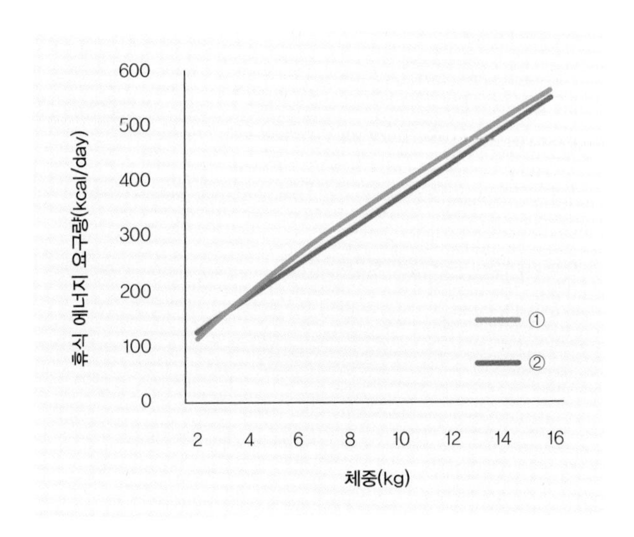

①번과 ②번 공식으로 계산한 휴식 에너지 요구량의 값은 비슷하므로, 계산하기 편한 공식을 이용하면 됩니다. 예를 들어 체중이 3kg인 반려견의 휴식 에너지 요구량은 ①번 공식으로 계산하면 159.6kcal/day, ②번 공식으로 계산하면 160kcal/day입니다.

계산된 값이 절대적인 것은 아닙니다. 사람 역시 같은 몸무게더라도 체질이나 근육량에 따라 기초대사량이 다릅니다. 예를 들어 근육량이 많은 사람은 근육량이 적은 사람에 비해서 기초대사량이 높습니다. 운동을 해서 근육량이 많아지면 살이 덜 찌는 체질이 되는 이유가 바로 이것입니다. 체중을 공식에 대입해서 계산한 휴식 에너지 요구량은 처음 관리를 시작할 때 참고하기 위한 값일 뿐이며, 절대적인 기준은 아닙니다.

휴식 에너지 요구량은 아무 활동도 하지 않고 24시간 가만히 있기만 할 때 필요한 칼로리입니다. 하지만 현실적으로 반려견이 온종일 아무것도 안 하고 가만히 쉬기만 하는 경우는 없습니다. 집 안을 돌아다니기도 하고, 가족이 돌아오면 달려 나와서 반겨주기도 합니다. 따라서 휴식 에너지 요구량을 실제로 적용하기는 어려우며, 현실 상황에서 실질적으로 필요한 칼로리를 알기 위해서는 휴식 에너지 요구량의 값을 보정해서 사용해야 합니다.

일일 에너지 요구량

일일 에너지 요구량은 권장 칼로리에 해당하는 개념으로, 하루 동안 필요한 칼로리를 말합니다. 휴식 에너지 요구량을 기반으로 계산되는 값이기에, 먼저 휴식 에너지 요구량을 계산해야 합니다.

일일 에너지 요구량 = 휴식 에너지 요구량 × 활동지수

활동지수는 아래의 표를 참고하면 됩니다. 앞서 예로 들었던 3kg 반려견 기준으로 계산해보겠습니다. ②번 식을 이용하여 휴식 에너지 요구량을 구한 뒤, 이를 바탕으로 계산한 일일 에너지 요구량은 중성화를 한 경우 256kcal/day, 중성화를 하지 않은 경우 288kcal/day가 됩니다.

반려견의 상황별 활동지수

구분	반려견의 상황	활동지수
일반 (중성화 여부)	중성화한 성견	1.6
	중성화하지 않은 성견	1.8

체중 관리	비만견	1.4
	다이어트	1.0
	체중 증량	1.2~1.4 (휴식 에너지 요구량은 목표 체중 기준으로 계산)

중성화한 3kg의 반려견에게 사료나 가정식을 줄 때 일일 약 256kcal에 맞추면 건강하게 체중을 유지하는 데 도움이 됩니다. 다만, 256kcal가 절대적인 값은 아니므로 조정이 필요합니다. 처음에는 1주일 간격으로 체중을 재면서 평가합니다. 몸무게가 잘 유지된다면 매일 약 256kcal에 맞춰 먹이면 됩니다. 체중이 증가했으면 조금 적게, 체중이 감소했으면 조금 많이 먹여봅니다. 이때도 1주일 간격으로 체중을 재면서 확인해봅니다. 이처럼 지속적으로 체중의 변화를 살펴보면서 반려견에게 적절한 칼로리를 파악해야 합니다.

간식은 얼마나 주면 될까요?

반려견에게 간식이나 사람이 먹는 음식을 너무 많이 주면 영양 균형이 깨지고 칼로리 과잉이 되기 쉽습니다. 간식은 총 칼로리 섭취량의 10% 이내로 줘야 하며, 그 이상을 주면 영양 불균형 상태가 될 수 있습니다.

일일 에너지 요구량이 256kcal라면 하루에 간식은 최대 25.6kcal를 주고, 이때 주식은 최소 230.4kcal를 주어 총 256kcal를 맞추는 것이 좋습니다. 예를 들어 삶은 달걀 1개의 칼로리는 80kcal로, 3kg의 강아지에겐 삶은 달걀 1개만 줘도 최대 간식 허용량의 3.1배에 달합니다. 간식을 줄 때는 일일 에너지 요구량의 10% 이내가 되도록 칼로리를 계산해야 합니다.

03
사료 라벨을 꼼꼼히 읽자

사료를 구입할 때 라벨을 읽지 않고 무심코 지나치는 경우가 있지 않나요? 하지만 사료 라벨에는 중요한 정보가 담겨 있습니다. 제조사와 소비자 사이의 약속인 동시에 정해진 규정을 따르는 일종의 법적 문서라고 볼 수 있지요. 사료 라벨을 통해 제조사에 대한 정보와 원료 및 성분 함량 등 사료의 영양 조성에 대한 주요 정보를 얻을 수 있습니다.

사료 라벨에는 어떤 항목이 있을까?

❶ 원료

많이 들어간 순서로 표시되어 있습니다. 즉, 가장 먼저 나열된 원료가 가장 많이 포함된 원료입니다. '닭고기, 보리, 돼지고기' 순으로 쓰여 있다면, 사료 중에 닭고기가 가장 많이 포함되어 있으며 다음으로 보리가 많이 들어 있다고 해석할 수 있습니다.

| 사료 라벨의 예

GUARANTEED ANALYSIS	
CRUDE PROTEIN (MIN)	37.0%
CRUDE FAT (MIN)	16.0%
CRUDE FIBER (MAX)	5.0%
CRUDE ASH (MAX)	10.0%
CALCIUM (MIN)	0.9%
PHOSPHORUS (MIN)	0.6%
MOISTURE (MAX)	12.0%
CALORIE	3800kcal/kg

등록성분량	
조단백질	37.0% 이상
조지방	16.0% 이상
조섬유	5.0% 이하
조회분	10.0% 이하
칼슘	0.9% 이상
인	0.6% 이상
수분	12.0% 이하
열량	3800kcal/kg

원재료명

연어, 오리, 고구마, 완두콩 단백, 닭기름, 바나나, 코코넛분, 케롭, 건조 호박, L-라이신, 이눌린(치커리뿌리추출물), 건조 효모, DL-메티오닌, 염화 콜린, 미네랄 합제(철, 구리, 아연, 망간, 코발트, 요오드, 셀레늄), 비타민 E, 비타민 합제(비타민 A, B_{12}, 비오틴, 판토텐산, 엽산, 나이아신), 생균제, 염, 타우린, 유카추출물, 혼합 토코페롤, 로즈메리 추출물

❷ 등록 성분

'조단백질 37% 이상, 조지방 16% 이상'이 적힌 부분이 등록성분 또는 성분 함량에 해당하는 정보입니다. 영양성분 앞에 '조粗'는 영어로 'crude'로, '대충의, 대강의'라는 뜻입니다. 음식에 포함된 영양성분은 정확히 측정하기 어렵고, 특정 계산식을 통해 실제에 가깝게 추정한 값이기 때문에 '조'라는 말이 붙습니다. 그리고 조회분은 음식을 연소한 뒤에 남은 재로, 무기질과 관련이 있는 값입니다.

사료 라벨에는 대부분 조단백질의 최소치, 조지방의 최소치, 조섬유의 최대치, 수분의 최대치가 비율로 적혀 있습니다. 다만 다이어트용 사료나 저지방 사료인 경우에는 조지방의 최소치가 아니라 조지방의 최대치가 적혀 있습니다. 칼슘과

인은 반려견에게 상당히 중요한 무기질이기도 하고, 칼슘과 인의 비율을 지키는 것이 굉장히 중요하기 때문에 등록성분에 적혀 있을 때가 많습니다. 탄수화물 비율은 필수 기재 사항이 아니어서 대부분 조탄수화물의 비율은 적혀 있지 않습니다. 만약 조탄수화물의 비율이 필요하다면 계산을 통해서 구해야 합니다.

또한 등록성분은 평균값이나 범위가 아니라 최소 또는 최대 비율로 적혀 있기에, 실제 사료에 포함된 비율과는 다소 차이가 있을 수도 있습니다.

사료량에 따른 칼로리 계산

칼로리가 제시되어 있는 사료도 있지만 칼로리 정보가 없는 경우도 있습니다. 탄수화물과 마찬가지로 필수 기재 사항이 아니기 때문입니다. 이 역시 필요한 경우 계산을 해서 구해야 합니다.

칼로리는 사료 라벨의 등록성분에 나와 있는 성분 비율을 바탕으로 계산합니다. 등록성분에는 최소 비율$_{MIN}$ 또는 최대 비율$_{MAX}$이 적혀 있지만, 칼로리를 계산할 때는 이를 실제 비율이라고 전제하고 이 수치들을 활용합니다. 만일 칼로리를 계산하기가 어렵다면 수의사에게 도움을 요청해도 좋고 사료 회사에서 권장하는 급여량을 따라도 무방합니다.

칼로리를 구하기 위해서는 먼저 탄수화물 함량을 예측해야 합니다. 만일 등록성분에 탄수화물 함량이 적혀 있다면, 따로 계산할 필요 없이 그 비율을 활용하면 됩니다.

탄수화물 비율(%) = 100 - (조단백질 비율 + 조지방 비율 + 조섬유 비율 + 수분 비율 + 조회분 비율)

조단백질, 조지방, 조섬유, 수분, 조회분을 다 더한 다음에 100에서 빼면 탄수화물 비율 추정치가 됩니다. 등록성분 항목에 조회분 비율이 적혀 있지 않은 경우도 있는데, 이때는 조회분 비율에 2~10의 값을 대입해서 계산합니다. 수분 함량이 낮고 단백질 함량이 높은 사료일수록 조회분의 비율이 높아지는 경향이 있습니다. 이런 경우에는 2~10의 값 중 높은 쪽인 10에 가까운 값을 대입해줍니다.

탄수화물 비율을 예측했다면, 주 영양소인 탄수화물·단백질·지방의 칼로리를 계산합니다.

칼로리(kcal/100g) = 조단백질 비율 × 3.5 + 조지방 비율 × 8.5 + 탄수화물 비율 × 3.5

조단백질과 탄수화물의 비율에 '3.5'를 곱한 값과 조지방 비율에 '8.5'를 곱한 값을 모두 더해주면 사료 100g에 들어 있는 대략적인 칼로리를 추정할 수 있습니다. 앞서 제시한 사료 라벨을 예로 들자면, 조단백질은 '37×3.5=129.5'가 되며, 조지방은 '16×8.5=136'이 됩니다. 해당 사료를 100g 먹였을 때 단백질과 지방 성분으로 약 265.5kcal를 섭취하게 된다는 의미입니다. 여기에 따로 계산한 탄수화물의 칼로리를 더해주면 전체 칼로리 양을 알 수 있습니다. 만일 1kg, 즉 1,000g을 기준으로 한 칼로리를 구하고 싶다면 100g당 칼로리에 10을 곱해주면 됩니다.

'As fed'와 'Dry matter'

'As fed' 또는 'Dry matter'라는 표기는 영양학에서 자주 사용되는 개념이므로 알아두면 좋습니다. 'As fed'는 급여 시의 상태로 수분이 포함된 것을 의미합니다. 물기를 찾기 힘든 건사료에도 10% 정도의 수분이 들어 있습니다. 건사료를 다시 한번 바싹 말려 반려견에게 주는 경우는 거의 없지요. 대부분 사료 포장을 뜯어 그 상태로 반려견에게 줍니다. 따라서 사료 라벨의 등록성분에 적힌 정보는 급여 시 상태, 즉 'As fed'에 해당합니다. 만일 건사료에 물을 타서 준다면 'As fed'는 그만큼의 수분이 더해진 상태가 됩니다.

반면 'Dry matter(DM, 건물)'는 수분을 제외한 상태, 즉 수분이 0%라고 가정하고 각 영양소의 비율을 계산한 것입니다. 왜 귀찮게 'Dry matter'를 계산할까요? 음식이나 사료마다 포함된 수분의 양이 제각각이기 때문에 아예 수분을 0%로 전부 통일되게 보정하면 사료 간의 영양성분을 비교하고 평가하기가 수월하기 때문입니다. 예를 들어 건사료에 조단백질이 25%이고, 캔사료에 조단백질이 8%라고 적혀 있다면, 캔사료의 단백질 함량이 적다고 생각할 수 있을 것입니다. 하지만 'Dry Matter'로 계산해보면 그렇지 않다는 것을 알 수 있습니다.

$$\text{DM 비율(\%)} = \text{영양성분 비율} \div \{(100 - \text{수분 비율}) \div 100\}$$

사료 라벨의 등록성분에 적힌 영양성분 비율을 '(100-수분 비율)/100'으로 나눠주면 'Dry Matter' 상태의 성분 비율인 DM 비율을 구할 수 있습니다. 예를 들어 건사료의 조단백질이 25%일 때 수분이 10%인 경우 25를 '(100-10)/100', 즉 0.9로 나눈 값인 27.8%가 단백질의 DM 비율입니다. 그리고 캔사료에 조단백질이 8%라고 되어 있고 수분이 75%라면, 8을 '(100-75)/100'으로 나눈 값인 32%가 캔사료의 건물(DM) 기준 단백질 함량입니다. 캔사료에 단백질이 부족한 것이 아니라 물에 희석되어 있는 것뿐이며, 사실상 영양소 중에서 단백질의 함량이 상당히 많음을 알 수 있습니다.

보통 건사료는 10% 이하의 수분을 포함하고, 캔사료는 75% 이하의 수분을 포함합니다. 등록성분에 제시된 수분 비율을 참고하여 계산하면 더 정확하지만, 대략적으로 계산할 때는 영양성분의 비율을 건사료는 0.9로, 캔사료는 0.25로 나누면 됩니다.

04

가정식을 만들 때 주의해야 할 것들

반려견이 사료를 잘 먹지 않거나 반려견에게 직접 만든 음식을 주고 싶을 때, 또는 반려견이 질환을 앓고 있어 먹을 수 있는 적합한 사료가 없을 때 집밥을 만들어 먹이며 사랑을 전할 수 있습니다. 물론 연구와 테스트 과정을 거쳐 나온 사료가 영양학적으로도 균형이 잡혀 있고 편리하지만, 때로는 직접 만들어 먹이며 행복한 추억을 쌓을 수 있지요. 또는 수의사에게 영양 컨설팅을 받아 만든 음식으로도 건강 관리를 해줄 수 있습니다.

대부분 가정식은 소화가 잘되고 맛있기 때문에 반려견이 밥을 평소보다 많이 먹는 경향을 보입니다. 적정량을 계산해서 급여하고 주기적으로 평가하지 않으면 칼로리 섭취량이 많아져서 과체중이 될 우려가 있습니다. 에너지를 내는 칼로리원인 탄수화물, 단백질, 지방의 양을 잘 계산해야 합니다.

 꼭 필요한 영양소

한 연구 결과에 따르면 반려견 가정식 레시피 중의 89%가 영양 균형이 깨져 있다고 합니다. 특히 단백질이 과잉인 경우가 많았습니다. 미국사료협회Association of American Feed Control Officials 기준을 바탕으로 가정식 식단을 평가한 연구에 따르면 55%에서 단백질 관련 영양소가 적절치 않았고, 64%에서는 비타민이, 무려 86%에서는 무기질이 부적절하게 포함된 것으로 나타났습니다. 반려견 사료에서는 칼슘과 인의 비율이 굉장히 중요한데, 이 비율이 부적절한 경우도 상당히 많았습니다. 반려견의 건강을 위해서는 5대 영양소인 단백질, 지방, 탄수화물, 비타민, 무기질이 적절하게 포함되도록 해야 합니다.

❶ 단백질

단백질 공급원에는 동물성과 식물성이 있습니다. 동물단백질이 많은 음식에는 소고기, 돼지고기, 닭고기 등이 있으며 식물단백질은 콩, 두부 등이 대표적입니다. 식물단백질만 주면 필수 아미노산인 라이신, 메티오닌, 트립토판이 부족할 수 있으므로 반려견에게 주는 음식에는 되도록 동물단백질을 포함시키는 것이 좋습니다. 만일 식물단백질 공급원만 준다면 필수 아미노산이 부족하지 않도록 영양제를 따로 보충해주어야 합니다. 또한 식중독의 위험을 방지하기 위해, 동물단백질의 공급원이 되는 고기는 익혀서 주는 것이 좋습니다.

❷ 지방

지방이 적다고 무조건 좋은 것은 아니며 식단을 구성할 때는 적정량의 지방 성분도 반드시 필요합니다. 지방은 탄수화물과 단백질에 비해 그램당 칼로리가 높기 때문에 지방을 적게 넣으면 칼로리가 부족할 수 있습니다. 또한 개는 지방 공급원을 통해 리놀레산과 같은 필수지방산을 섭취해야 합니다. 옥수수유·해바라기유·카놀라유 등에 리놀레산이 풍부한 반면, 올리브유에는 비교적 적게 들어 있습니다. 그러므로 반려견 식단을 짤 때는 옥수수유를 사용하는 것이 제일 좋습니다. 또한 등 푸른 생선에 많다고 알려진 오메가-3인 DHA, EPA는 개의 성장과 발달에도 도움이 되는 중요한 영양소입니다. 반려견이 오메가-3를 충분히 섭취할 수 있도록 생선 기름이나 오메가-3 영양제를 보충해주는 것이 좋습니다.

❸ 탄수화물

탄수화물 함량이 줄어들면 단백질과 지방 함량이 너무 높아지므로 적정 수준의 탄수화물을 식단에 포함시키는 것이 좋습니다. 탄수화물 공급원은 잘 익혀서 주어야 소화가 잘됩니다. 옥수수는 반려견에게 주기에 좋은 탄수화물 공급원이지만, 개는 음식을 꼭꼭 씹어 먹지 않는 데다 옥수수 알을 싸고 있는 일종의 캡슐은 소화가 잘 안 되는 편이기에, 옥수수 알을 줄 때는 으깨거나 갈아서 주는 것이 좋습니다. 그렇지 않으면 옥수수 알이 그대로 대변으로 나올 수 있습니다.

❹ 비타민과 무기질

가정식에서 비타민과 무기질의 결핍 또는 과잉은 흔히 발생합니다. 특히 칼슘과 인의 비율이 맞지 않을 때가 많으므로 신경 써야 합니다. 반려견의 식사에서 칼슘과 인의 비율은 1:1~2:1 정도로 맞추는 것이 좋습니다. 고기는 대체로 칼슘의 비율이 낮고 인의 비율이 높으므로, 고기만 주면 칼슘이 부족해지기 쉽습니다. 이럴 때는 음식에 칼슘을 보충해서 칼슘과 인의 비율을 맞춰야 합니다.

칼슘 함량이 높다는 이유로 뼈를 갈아서 먹이는 경우도 있는데, 이때는 매우 조심해야 합니다. 직접 갈아서 먹이면 영양 조성을 맞추기도 어렵고, 완전히 곱게 갈리지 않은 뼈에 장이 찔리거나 뚫려서 사망할 위험도 있기 때문입니다. 직접 갈아서 먹이는 것보다 골분이나 칼슘 영양제를 이용하여 보충하는 것이 좋습니다.

마찬가지로 비타민도 간 등의 식재료로 공급하려고 하면 비율을 정확히 맞추기 어렵기 때문에 영양제를 이용하는 편이 수월합니다. 영양 보조제를 사용하지 않는다면 영양 불균형이 발생할 수 있습니다. 가정식을 만들 때는 반드시 복합 비타민과 복합 무기질 영양제, 요오드화 소금 등의 영양 보조제들을 구비해야 합니다. 사람용으로 나온 영양제를 활용해도 됩니다. 보통 종합 비타민 및 무기질 정제, 칼슘, 요오드 등의 영양 보조제가 기본적으로 필요하기에 대략 적으면 세 가지, 많으면 여섯 가지의 영양 보조제를 준비해서 필요한 만큼 무게를 재어 첨가해야 합니다. 비타민과 무기질 보조제를 활용하는 경우, 열을 가하면 영양소가 손상될 우려가 있으니 요리를 마친 뒤 급여하기 직전에 섞어주는 것이 좋습니다.

여러 가지 제품을 모두 구비하여 각각을 측정해서 음식에 섞어주는 과정이 복잡하고 어렵게 느껴진다면, 반려견을 위해 올인원all-in-one 타입으로 나온 제품을 사용하면 편리합니다. 이 책에 수록한 레시피에는 올인원 타입의 영양 보조제인 밸런스 ITBalance IT를 사용하였습니다. 밸런스 IT는 미국의 저명한 수의 영양학 전문가들이 만든 신뢰도 높은 제품으로 훨씬 편하게 가정식을 만들 수 있습니다. 공식 사이트www.balanceit.com에서 구입할 수 있으며, 해당 사이트에서는 밸런스 IT를 활용한 다양한 요리 레시피도 함께 제공합니다. 현재 영양학은 빠르게 발전하고 있는 학문으로, 이에 맞춰 업데이트된 레시피를 확인할 수 있습니다.

우리집 반려견에게는 얼마나 많은 양을 만들어주어야 할까?

이 책에 실린 레시피는 비만견을 위한 레시피를 제외하고, 대부분 중성화한 4kg의 성견이 하루 먹을 양을 기준으로 계산되었습니다. 음식을 먹을 반려견이 중성화한 4kg의 성견이라면 제시된 양을 그대로 사용하여 하루분을 만들면 됩니다. 다만 몸무게가 다르거나 중성화 수술을 받지 않아 활동량이 다르다면 재료의 양을 달리해야 합니다. 반려견을 위한 가정식 레시피로는 정적인 레시피보다 최신

정보와 반려견의 특성을 고려하여 추정한 동적인 레시피가 권장되므로, 위에서 언급한 밸런스 IT 공식 사이트에서 직접 반려견의 몸무게 등을 입력하여 맞는 재료의 양을 확인할 수 있습니다. 차선책으로 반려견의 몸무게와 활동량을 고려하여 일일 에너지 요구량을 계산하고, 계산한 값에 맞게 재료의 양을 조절할 수도 있습니다.

이를테면 레시피상 칼로리가 325kcal로 쓰여 있는 음식을 반려견에게 만들어준다고 해봅시다. 반려견의 일일 에너지 요구량을 계산했더니 455kcal라는 값을 얻었다면, 325kcal의 1.4배에 해당하므로 제시된 재료에 1.4를 곱한 만큼을 준비해서 만들면 됩니다. 만약 이틀분을 한 번에 만든다면 그 두 배의 재료를 준비해서 만들면 됩니다.

수제 음식 보관과 올인원 영양제 사용 시 주의점

반려견에게 음식을 만들어줄 때는 소수점 단위로 무게를 잴 수 있는 저울을 사용하는 것이 좋습니다. 무게는 각각의 재료를 씻거나 익힌 상태에서 재고, 맛있는 것만 편식하지 않도록 잘게 잘라서 섞어주거나 함께 믹서로 갈아줍니다. 잘게 잘라도 되지만 편식할 우려가 있으므로 되도록 갈아서 잘 섞어주는 것이 좋습니다.

음식은 만들어서 바로 급여하는 경우도 있지만, 미리 만들어놓고 보관할 수도 있습니다. 이 책에서 소개하는 요리에는 보존제가 들어 있지 않기 때문에 냉장 시에는 최대 3일까지, 냉동 시에는 최대 2주까지 보관할 수 있습니다. 급여 전에 전자렌지 등을 사용하여 데워서 주면 됩니다.

이 책에서 소개하는 반려견을 위한 올인원 영양제인 밸런스 IT 케나인Balance IT Canine은 열에 약하므로 급여 직전에 섞어야 합니다. 냉장 또는 냉동 보관했던 음식을 데울 때 영양소가 손실되는 것을 피하기 위해서입니다. 그에 비해 밸런스 IT 케나인 플러스Balance IT Canine Plus와 같이 '플러스'가 붙은 것은 한 번 데울 때 생기는 영양소의 손실을 반영하여 만들어졌습니다. 음식을 만들 때 한 번에 넣고, 소분해서 냉장 또는 냉동 보관한 뒤 가열 후 급여해도 문제가 없습니다.

건강검진을 주기적으로 하자

반려견이 건강한 경우에도 6개월 간격으로 건강검진을 받는 것이 좋습니다. 특히 반려견의 주식이 가정식이라면 적어도 6개월 간격 또는 1년에 두세 번 정도 동물병원에 가서 건강검진을 받아야 합니다. 몸의 상태, 체중, 신체충실지수, 혈액 검사, 소변 검사 등의 검진을 통해 가정식 급여로 몸에 안 좋은 영향이 미쳤거나 영양 불균형이 초래되진 않았는지 살펴봐야 합니다.

영양 만점

닭가슴살 볶음밥

만드는 법

1 닭가슴살은 속까지 완전히 익힌 뒤에, 살코기만 무게를 재서 80g을 준비합니다.

2 쌀밥은 75g을 준비합니다.

3 준비한 익힌 닭가슴살과 밥을 프라이팬에 담고, 옥수수유 $\frac{1}{2}$tsp을 넣어 볶습니다. 다 익힌 상태에서 볶는 것이므로 타지 않도록 짧게 볶아줍니다.

4 볶은 닭가슴살과 밥을 그릇에 담고 오메가-3 $\frac{3}{4}$tsp을 넣고 잘 섞습니다.

5 영양제는 선택이 아니라 필수입니다. 밸런스 IT 케나인 K 6.5g과 요오드 소금 $\frac{1}{8}$tsp을 넣고 잘 섞어서 물과 함께 급여합니다.

열량

455kcal
7kg 중성화 성견 기준, 1일 분량

재료

닭가슴살 80.0g

쌀밥 75.0g

오메가-3(*Nordic Naturals Pet Omega-3 Liquid*) $\frac{3}{4}$tsp

옥수수유 $\frac{1}{2}$tsp

물 $1\frac{3}{4}$컵

밸런스 IT 케나인 K 6.5g

요오드 소금 $\frac{1}{8}$tsp

▶▶▶

간식처럼 잘 먹는

닭가슴살 채소 고구마 볼

만드는 법

1 고구마를 오븐에 넣고 180℃에서 30~40분 정도 충분하게 익힙니다. 오븐이 없다면 속까지 잘 익도록 팬에 굽습니다. 잘 익은 고구마 125g을 준비합니다.

2 닭가슴살은 오븐에 구워서 익힌 상태로 무게를 재서 63.8g을 준비합니다. 오븐이 없다면 팬이나 에어프라이어 등에 구워도 괜찮습니다.

3 소금 없이 끓인 물에 살짝 데친 브로콜리 19.5g을 준비하여 잘게 잘라둡니다.

4 당근 15.2g을 준비하여 잘게 썰어둡니다.

5 고구마, 닭가슴살, 브로콜리, 당근을 잘 섞고 옥수수유 11.9g을 넣습니다.

6 마지막으로 밸런스 IT 케나인 혹은 밸런스 IT 케나인 플러스를 필요량만큼 넣고 섞은 후 급여합니다. 미리 만들어 보관하다가 급여하는 경우 밸런스 IT 케나인을 사용한다면, 음식을 데운 다음 반려견에게 주기 직전에 섞어서 줍니다.

7 재료들은 섞은 상태로 줘도 좋지만, 사진처럼 다양한 모양으로 만들어서 급여하는 것도 좋은 방법입니다. 조리 과정이 비교적 재미있으므로 아이들과 함께 만들어도 좋습니다.

열량

338kcal
4kg 중성화 성견 기준, 1일 분량

재료

고구마 125.0g

닭가슴살 63.8g

브로콜리 19.5g

당근 15.2g

옥수수유 11.9g($\frac{7}{8}$tsp)

영양제 옵션
① **밸런스 IT 케나인** 4.06 g($1\frac{5}{8}$tsp)
② **밸런스 IT 케나인 플러스** $1\frac{1}{4}$tsp

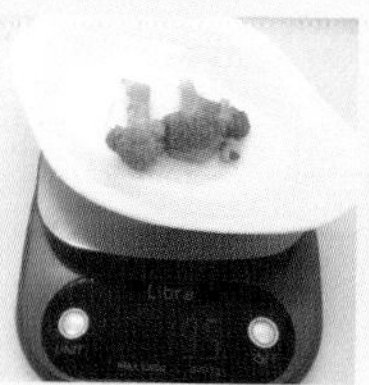

보기 좋고 먹기 좋은

해산물 토마토 파스타

열량

317kcal
4kg 중성화 성견 기준, 1일 분량

재료

파스타 66.0g

오징어 29.0g

새우 42.0g

브로콜리 17.0g

토마토 33.0g

올리브유 12.0g

영양제 옵션
① **밸런스 IT 케나인** 5.62g(2 $\frac{1}{4}$ tsp)
② **밸런스 IT 케나인 플러스** 1 $\frac{5}{8}$ tsp

만드는 법

1 파스타는 종류가 다양합니다. 반려견을 위해 파스타를 만들 때 여러 가지 모양을 시도해보면 먹는 재미도 선사해줄 수 있습니다. 길쭉한 면으로 된 것도 대체로 잘 먹는 편이니, 파스타의 종류는 반려견의 선호에 맞춰 선택하면 됩니다. 면 종류에 따라서 잘 익을 때까지 적정 시간 끓입니다. 보통 파스타를 만들 때는 이 단계에서 소금을 넣지만, 반려견을 위한 음식을 만들 때는 소금을 치지 않습니다. 파스타가 잘 익었다면 무게를 재서 66g을 준비합니다.

2 오징어는 물기를 닦아낸 뒤에 기름에 살짝 튀겨서 29g을 준비합니다.

3 새우는 끓는 물에 익히거나 쪄서 껍질을 제거하고 42g을 준비합니다. 게살 파스타를 만들고 싶다면 새우 대신 게를 쪄서 넣어줘도 괜찮습니다. 이때도 껍질을 벗겨야 합니다.

4 소금을 넣지 않은 물에 살짝 데친 브로콜리 17g을 준비합니다.

5 잘 익은 토마토 33g을 준비합니다.

6 모든 재료가 준비되면 팬에 넣은 뒤, 올리브유 12g을 넣고 살짝 볶은 후 그릇에 담습니다.

7 마지막으로 밸런스 IT 케나인 혹은 밸런스 IT 케나인 플러스를 필요량만큼 넣고 섞은 후 급여합니다. 미리 만들어 보관하다가 급여하는 경우 밸런스 IT 케나인을 사용한다면, 음식을 데운 다음 반려견에게 주기 직전에 섞어서 줍니다.

▶▶▶

사랑 듬뿍 건강 듬뿍

참치 두부 채소죽

열량

318kcal
4kg 중성화 성견 기준, 1일 분량

재료

쌀밥 80.0g
참치 59.0g
두부 73.0g
브로콜리 17.0g
당근 14.0g
옥수수유 9.0g
오메가-3*(Nordic Naturals Pet Omega-3 Liquid)* 3.0g

영양제 옵션
① **밸런스 IT 케나인** 4.69g($1\frac{7}{8}$tsp)
② **밸런스 IT 케나인 플러스** $1\frac{3}{8}$tsp

만드는 법

1 쌀밥은 80g을 준비합니다.
2 참치를 캔에서 꺼내 기름을 빼고 물로 여러 번 헹궈줍니다. 잘 씻은 참치 59g을 준비합니다.
3 두부는 잘라서 73g을 준비합니다.
4 브로콜리는 소금을 넣지 않은 끓는 물에 살짝 데친 뒤 17g을 준비합니다.
5 당근 14g을 준비합니다.
6 모든 재료를 잘게 썰어 냄비에 넣습니다.
7 재료가 잠길 정도로 물을 자작하게 넣고 끓입니다.
8 그릇에 옮겨 담아 옥수수유 9g과 오메가-3 3g을 넣어줍니다.
9 마지막으로 밸런스 IT 케나인 혹은 밸런스 IT 케나인 플러스를 필요량만큼 넣고 섞은 후 급여합니다. 미리 만들어 보관하다가 급여하는 경우 밸런스 IT 케나인을 사용한다면, 음식을 데운 다음 반려견에게 주기 직전에 섞어서 줍니다.

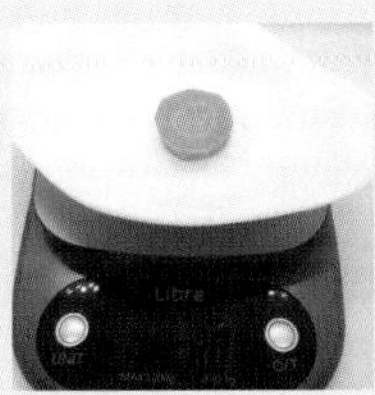

질병별 영양 관리

01
비만: 칼로리는 줄이고 영양은 유지하기

비만은 귀여움이 아니라 질환이라고 인식해야 합니다. 실제로 비만은 반려견의 건강 문제 중 가장 많은 부분을 차지할 정도로 흔합니다. 미국에서 진행된 연구에 따르면 5~11세의 반려견 중 42%가 비만이었습니다. 반려견의 눈빛을 순간 외면하지 못하고 먹을 것을 주며 애정을 표현한다면, 오히려 건강을 해칠 수 있습니다.

비만은 얼마나 위험할까?

같은 조건에서 자란 래브라도레트리버의 수명을 비교한 한 연구 결과에 따르면, 적정 체중을 유지한 그룹은 약 13년간 생존한 반면 과체중인 그룹은 11년간 생존하며 뚜렷한 차이를 보였습니다. 이처럼 과체중은 수명을 단축시키는 요인이 될 수 있습니다.

비만견은 혈액 중 중성지방과 콜레스테롤의 수치가 증가하며, 혈압도 높아지는 경향이 있습니다. 혈압이 높아지면 심장이 구조적으로 뚜렷하게 변형되기도 합니다. 이때 체중을 줄이면 중성지방과 콜레스테롤의 수치가 감소하고 혈압도 낮아집니다. 심혈관계의 건강을 위해서도 적정 체중을 유지해야 합니다.

또한 비만견은 더 많은 무게를 지탱해야 하기에 골관절염과 같은 정형외과 질환에 걸릴 위험이 큽니다. 한 연구에 따르면 '절반 정도의 개가 골관절염을 앓는 평균 연령'이 과체중인 경우 약 열 살, 정상 체중인 경우 약 열세 살로 보고됐습니다. 즉 비만이면 일찍부터 골관절염으로 고생할 수 있습니다.

이 밖에도 비만은 당뇨병 등의 내분비 질환, 면역력 감소 등 다양한 건강 문제를 유발할 수 있습니다.

다이어트를 위한 습관을 키우려면?

급여 패턴 연구에 따르면, 자율 급식을 하면 약 30~40%의 개들이 과식하는 경향을 보이는 것으로 나타났습니다. 따라서 하루 두 번 정도로 음식을 나눠주는 것이 다이어트에 더 도움이 됩니다.

반려견에게 다이어트를 시키려고 마음먹었다면, 반려견이 하루 동안 먹은 양과 종류를 정확히 파악해야 합니다. 여러 마리를 키우는 경우 식사를 각각 따로 주며 각자 얼마나 먹었는지 확인합니다. 또한 사료 급여량은 컵으로 부피를 측정하기보다 그램 단위로 무게를 정확히 측정하고, 가정식을 만들어준다면 상세한 레시피와 급여량을 기록합니다.

특히 간식은 대부분 맛이 좋은 대신 칼로리가 높습니다. 무심코 주는 간식이 비만의 주범이 되므로 정확히 얼마나 줬는지 알고 있어야 합니다. 치즈, 고기, 땅콩잼 등 칼로리가 높은 간식은 다이어트 기간에는 되도록 피하거나 아주 소량만 주도록 합니다. 또한 영양 보조제를 여러 종류로 많이 준다면, 이 역시 칼로리를 확인해서 기록해둡니다. 종류에 따라서 칼로리가 꽤 되는 영양제도 있기 때문입니다.

반려견에게 음식을 주는 사람이 여러 명이라면, 비만이 건강에 미치는 악영향을 알려주고 함께 노력하도록 설득해야 합니다. 한 사람이 노력해도 다른 사람이 계속 고칼로리 간식을 준다면 다이어트의 성공은 요원해집니다.

운동 부족으로도 비만이 될 수 있으므로 운동을 적절히 하게 해야 합니다. 주기적으로 산책을 하고, 집에서도 활동 수준을 높일 수 있도록 잘 놀아주는 것이 좋습니다. 비만견이라서 관절에 무리가 갈까 봐 걱정이 된다면, 집에서 수중 운동을 하게 해주거나 필요시 동물병원에 데리고 가 수중 러닝머신 등을 시킬 수도 있습니다.

다이어트를 시작하기에 앞서서 동물병원에서 진료를 받는 것도 중요합니다. 갑상샘 기능 저하증이나 부신피질 호르몬이 과도하게 분비되는 쿠싱 증후군과 같은 내분비 질환이 있을 때도 살이 찔 수 있습니다. 또는 배에 액체가 차는 병증인 복수가 있을 때도 배가 빵빵해지면서 몸무게가 늘 수 있습니다. 이렇듯 체중 증가의 원인이 건강상의 문제라면 단순히 집에서 체중 관리만 한다고 해결되는 것은 아니며, 반드시 치료가 동반되어야 합니다. 반려견이 비만 이외에 다른 질환을 앓고 있다면 체중 감량을 시도하기에 앞서 수의사와 함께 적절한 목표를 설정하도록 합니다.

다이어트의 성공은 지속적인 관심과 관리에 달려 있습니다. 2주 간격으로 반려견의 체중과 신체충실지수를 평가해서 기록합니다. 지나친 목표를 세워서 중도에 포기하기보다 느리더라도 꾸준히 계속할 수 있도록 적절한 목표를 세우는 것이 좋습니다.

칼로리를 낮추되 영양소까지 낮추지 말 것

체중 감량을 할 때 섭취 칼로리를 낮추고자 평소에 먹던 사료의 급여량을 갑작스레 줄인다면 오히려 영양 부족이 발생할 수 있습니다. 칼로리가 낮아진 만큼 영양소의 섭취량도 줄기 때문입니다. 체중 감량용 사료는 칼로리를 낮추고, 단백질·비타민·무기질은 높여서 만들기 때문에 칼로리가 낮더라도 반려견에게 충분한 영양소를 제공합니다. 그리고 먹는 양을 줄이지 않더라도 칼로리가 낮기 때문에 배고픔을 느끼지 않으면서 살을 뺄 수 있다는 장점이 있습니다.

원래 먹던 음식을 계속 먹인다면 급여량의 20% 정도만 줄이고, 다이어트 전용 사료를 먹인다면 평소에 급여하던 양과 비슷하게 주면 됩니다. 이렇게 2주 정도 먹여보고 체중과 신체충실지수를 평가해봅니다. 매주 체중의 1~2% 정도만 감량하는 것을 목표로 하면서 1% 미만으로 빠졌으면 칼로리 섭취량을 더 줄이고, 2% 이상 빠졌으면 칼로리 섭취량을 늘립니다. 신체충실지수가 3단계가 될 때까지 여유를 가지고 단계적인 감량을 하는 것이 요요 없는 다이어트를 하는 방법입니다.

비만에 따른 영양소 관리

❶ 섬유질

사람도 다이어트를 하면서 배고플 때 물을 마시면 배고픔이 가시는 것처럼, 반려견의 사료에 물을 섞어서 주면 칼로리는 낮추면서 포만감을 더 느끼게 할 수 있습니다. 섬유질도 비슷한 작용을 합니다. 섬유질이 풍부한 음식은 칼로리가 낮으면서도 포만감을 주므로 체중 감량에 도움이 됩니다. 체중 감량을 목표로 한다면 음식에 12~25%(DM 기준)의 섬유질을 주며, 체중 유지를 목표로 한다면 음식에

10~20%(DM 기준)의 섬유질이 포함되도록 주는 것이 좋습니다.

섬유질은 물을 흡수하는 성질이 있기 때문에 섬유질이 많은 음식이나 사료를 줄 때는 반려견이 물을 충분히 마실 수 있도록 신경 써줍니다. 섬유질은 소화·흡수가 잘 안 되므로, 섬유질을 많이 먹으면 변의 양이 늘어난다는 점도 기억해두세요.

❷ 단백질

다이어트를 할 때 충분한 단백질을 먹으면 근육량을 보존하는 데 도움이 됩니다. 체중 감량을 위한 음식에는 25%(DM 기준) 이상의 단백질을 포함시키고, 체중 유지를 위한 음식에는 18%(DM 기준) 이상의 단백질을 포함시키는 것이 좋습니다.

❸ 지방

탄수화물과 단백질의 열량은 1g당 약 4kcal인 데 비해 지방의 열량은 1g당 약 9kcal로 2.25배 높으며, 소화·흡수가 잘 되는 에너지원입니다. 칼로리를 제한하더라도 고지방식을 먹였다면, 저지방식을 먹였을 때보다 체중과 체지방이 상대적으로 덜 빠지게 됩니다. 따라서 체중과 체지방을 줄이려면 지방의 함량을 낮춰야 합니다. 체중 감소를 목표로 하는 경우 지방 함량은 9%(DM 기준) 이하가 좋으며, 다이어트에 성공한 이후 유지 관리를 하는 경우라면 14%(DM 기준) 이하로 급여합니다.

❹ 탄수화물

탄수화물 공급원에는 여러 종류가 있는데, 이를 고려해서 주는 것이 좋습니다. 혈당지수glycemic index, GI가 낮은 음식이 다이어트에 좋습니다. 다이어트를 할 때 감자보다 고구마가 좋은 것도 고구마의 혈당지수가 낮아서 오랜 시간 포만감을 주기 때문입니다. 반려견에게 다이어트를 시킬 때도 쌀밥보다는 으깬 옥수수, 감자

보다는 고구마를 주어야 합니다. 다이어트를 한다면 탄수화물의 비율은 40%(DM 기준) 이하로 하고, 체중을 유지하려고 한다면 55%(DM 기준)를 넘지 않도록 하는 것이 좋습니다.

❺ L-카르니틴

L-카르니틴은 지방 대사와 에너지 생산에 관여합니다. 지방 대사를 촉진해서 지방을 빼주므로, 근육을 유지하면서 체중을 효과적으로 줄일 수 있습니다.

닭죽

만드는 법

1 생닭의 닭가슴살 부위를 준비해서 오븐이나 에어프라이어에 익힙니다. 속까지 완전히 익도록 충분한 시간을 들여 굽습니다. 구운 고기는 무게를 재서 122.5g을 준비합니다.

2 익힌 닭가슴살은 잘게 자릅니다. 조각이 크면 반려견이 닭고기만 골라 먹을 수 있으므로, 골라 먹지 못할 정도로만 잘게 잘라줍니다.

3 쌀밥은 237g을 준비합니다.

4 준비한 닭고기와 밥을 섞고 물을 자작하게 부어서 끓입니다.

5 카놀라유 9.6g을 넣고 잘 섞어줍니다.

6 마지막으로 밸런스 IT 케나인 혹은 밸런스 IT 케나인 플러스를 필요량만큼 넣고 섞은 후 급여합니다. 미리 만들어 보관하다가 급여하는 경우 밸런스 IT 케나인을 사용한다면, 음식을 데운 다음 반려견에게 주기 직전에 섞어서 줍니다.

열량

594kcal
16kg 중성화 성견 기준, 1일 필요 칼로리 (891kcal)의 약 67% 분량

재료

쌀밥 237.0g

닭가슴살 122.5g

카놀라유 9.6g($2\frac{1}{8}$tsp)

영양제 옵션
① 밸런스 IT 케나인 10.62g($4\frac{1}{4}$tsp)
② 밸런스 IT 케나인 플러스 $3\frac{1}{8}$tsp

▶▶▶

비만견에게 좋은

닭가슴살 호박죽

열량

221kcal
4kg 중성화 성견 기준, 1일 필요 칼로리 (316kcal)의 70% 분량

재료

쌀밥 35.4g

닭가슴살 43.9g

주키니호박(돼지호박) 169.4g

당근 111.9g

카놀라유 $\frac{5}{8}$tsp

영양제 옵션
① **밸런스 IT 케나인** 3.9g(1$\frac{5}{8}$tsp)
② **밸런스 IT 케나인 플러스** 1$\frac{1}{4}$tsp

만드는 법

1 쌀밥 35.4g을 준비합니다.

2 익힌 닭가슴살 43.9g을 준비합니다. 조각이 크면 반려견이 닭고기만 골라 먹을 수 있으므로, 골라 먹지 못할 정도로만 잘게 잘라줍니다.

3 프랑스 가정식으로 잘 알려진 라따뚜이의 주재료인 주키니호박은 식이섬유가 많은 반면 칼로리와 탄수화물은 낮아서 다이어트에 좋은 식재료입니다. 우리나라에서는 돼지호박이라고도 부릅니다. 무게를 재서 169.4g을 준비한 뒤, 죽으로 끓였을 때 먹기 좋을 정도로 잘게 썰어둡니다.

4 당근 111.9g을 준비하여 잘게 썰어둡니다.

5 쌀밥, 적절한 크기로 작게 자른 닭고기, 주키니호박, 당근을 냄비에 넣고 재료가 잠길 정도로 물을 자작하게 넣고 끓입니다. 그릇에 옮겨 담고 카놀라유 $\frac{5}{8}$tsp을 넣습니다.

6 마지막으로 밸런스 IT 케나인 혹은 밸런스 IT 케나인 플러스를 필요량만큼 넣고 섞은 후 급여합니다. 미리 만들어 보관하다가 급여하는 경우 밸런스 IT 케나인을 사용한다면, 음식을 데운 다음 반려견에게 주기 직전에 섞어서 줍니다.

▶▶▶

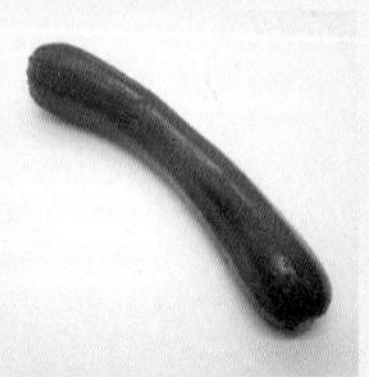

닭가슴살 모듬 채소

열량

203kcal
4kg 중성화 성견 기준, 1일 필요 칼로리 (316kcal)의 약 64% 분량

재료

주키니호박(돼지호박) 426.0g
닭가슴살 38.0g
시금치 48.0g
브로콜리 33.0g
고구마 25.0g
카놀라유 4.0g

영양제 옵션
① 밸런스 IT 케나인 3.75g($1\frac{1}{2}$tsp)
② 밸런스 IT 케나인 플러스 $1\frac{1}{8}$tsp

만드는 법

1 주키니호박을 끓는 물에 익혀 426g을 준비하고, 먹기 좋은 크기로 잘라둡니다.

2 고구마는 잘 씻어서 오븐에 넣고 180℃에서 30분 정도 충분히 익힙니다. 오븐이 없다면 속까지 잘 익도록 팬에 굽습니다. 잘 익은 고구마 25g을 준비합니다.

3 잘 씻은 시금치 48g을 준비합니다.

4 잘 씻은 브로콜리 33g을 준비합니다.

5 생닭의 닭가슴살을 180℃로 예열한 오븐에서 20분 정도 구워줍니다. 오븐의 사양이나 닭가슴살의 두께에 따라서 필요한 시간은 다소 다를 수 있으며, 속까지 완전히 익도록 충분한 시간을 들여 굽습니다. 구운 고기는 38g을 준비합니다. 반려견이 닭고기만 골라 먹지 못할 정도로 잘게 자릅니다.

6 호박, 고구마, 시금치, 브로콜리, 닭가슴살을 그릇에 모아 담은 뒤에 카놀라유 4g을 넣고 섞습니다.

7 마지막으로 밸런스 IT 케나인 혹은 밸런스 IT 케나인 플러스를 필요량만큼 넣고 섞은 후 급여합니다. 미리 만들어 보관하다가 급여하는 경우 밸런스 IT 케나인을 사용한다면, 음식을 데운 다음 반려견에게 주기 직전에 섞어서 줍니다.

▶▶▶

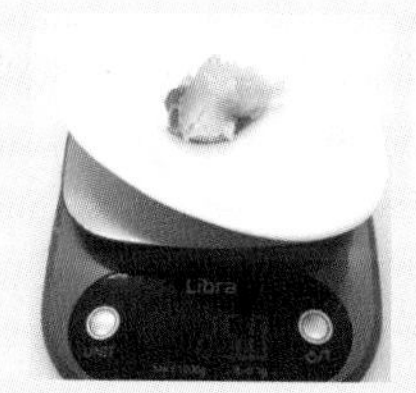

닭가슴살 완두콩죽

열량

221kcal
4kg 중성화 성견 기준, 1일 필요 칼로리 (316kcal)의 70% 분량

재료

쌀밥 65.7g

닭가슴살 45.2g

당근 50.4g

완두콩 14.8g

카놀라유 $\frac{7}{8}$tsp

영양제 옵션
① **밸런스 IT 케나인** 3.92g(1$\frac{5}{8}$tsp)
② **밸런스 IT 케나인 플러스** 1$\frac{1}{4}$tsp

만드는 법

1 쌀밥은 잘 익혀서 65.7g을 준비합니다.

2 닭가슴살은 오븐에 구운 뒤에 45.2g을 준비합니다. 조각이 크면 반려견이 닭고기만 골라 먹을 수 있으므로, 골라 먹지 못할 정도로만 잘게 잘라줍니다.

3 당근 50.4g을 준비합니다. 무게를 잰 뒤에는 잘게 썰어 둡니다.

4 완두콩은 껍질째 흐르는 물에 씻은 뒤, 물을 넉넉하게 넣은 냄비에 뚜껑을 닫지 않고 삶습니다. 물이 끓기 시작하면 뚜껑을 닫고 5분 정도 더 끓입니다. 익은 완두콩은 찬물에 한 번 씻고, 껍질을 까서 14.8g을 준비합니다.

5-1 쌀밥, 적절한 크기로 자른 닭고기, 당근, 완두콩을 냄비에 넣습니다. 재료가 잠길 정도로 물을 자작하게 넣고 끓입니다. 그릇에 옮겨 담고 카놀라유 $\frac{7}{8}$tsp을 넣고 섞습니다.

5-2 프라이팬에 밥, 닭가슴살, 당근, 완두콩을 담은 뒤에 카놀라유 $\frac{7}{8}$tsp을 넣고 살짝 볶아서 볶음밥을 만들어도 됩니다.

6 마지막으로 밸런스 IT 케나인 혹은 밸런스 IT 케나인 플러스를 필요량만큼 넣고 섞은 후 급여합니다. 미리 만들어 보관하다가 급여하는 경우 밸런스 IT 케나인을 사용한다면, 음식을 데운 다음 반려견에게 주기 직전에 섞어서 줍니다.

02

신부전: 단백질과 인의 함량을 제한하기

신부전은 신장이 기능을 제대로 하지 못하는 질병입니다. 포도 등을 먹어서 갑작스럽게 신장이 기능하지 못하게 된 급성 신부전과 나이를 먹으며 신장이 점차 손상을 입어 발생하는 만성 신부전이 있습니다. 이 중 만성 신부전은 나이 든 반려견에게 흔히 발생하는 질병입니다. 노령견의 삶의 질과 기대 수명을 증가시키려면, 다른 퇴행성 질환들과 마찬가지로 신부전 관리도 꾸준히 해주어야 합니다.

 만성 신부전일 때 유의해야 하는 영양소

반려견이 동물병원에서 만성 신부전을 진단받았다면 이미 신장의 75% 이상이 손상을 입었다고 볼 수 있습니다. 남은 부분이 추가적으로 손상되지 않도록 신장에 무리가 가지 않게 관리하는 치료를 하게 됩니다. 이 과정에서 신부전 반려견의 영양 관리는 선택이 아닌 필수입니다. 반려견에게 음식을 주는 사람이 여러 명이라면, 모두가 영양 관리의 필요성을 이해하고 함께 참여해야 합니다.

만성 신부전이 있다면 단백질의 양을 제한해야 합니다. 단백질이 소화·흡수되는 과정에서 부산물로 생겨나는 요소가 신장에 부담을 주기 때문입니다. 단백질은 14~20%(DM 기준) 정도로 낮춰 급여하는 것이 좋습니다. 그러나 단백질을 줄이더라도 몸에 꼭 필요한 필수 아미노산은 충분하게 주어야 하므로, 양질의 단백질 공급원을 선택해야 합니다. 즉, 식물단백질보다 동물단백질을 포함시켜 급여하는 것이 좋습니다.

또한 인의 함량이 낮은 음식을 주어야 합니다. 인의 함량이 높으면 신장의 미네랄화가 진행되어 신장이 계속하여 손상될 수 있습니다. 또한 부갑상샘 호르몬의 분비를 촉진해서 2차로 신장에 부담을 줄 수 있습니다. 보통 고기에 인의 함량이 높으므로, 단백질 급여량을 줄이면 인의 급여량도 함께 줄어듭니다. 인은 0.2~0.5%(DM 기준) 정도로 급여하는 것이 좋습니다.

물을 마시고 싶을 때는 언제든 마실 수 있도록 충분히 마련해야 합니다. 신장은 몸에서 배설할 물질들을 농축해서 내보내는 역할을 하는데, 신장에 문제가 생기면 농축 기능이 떨어져서 주로 농도가 연한 소변을 보게 됩니다. 소변에 수분이 많이 포함되어 배출되므로 물을 충분히 마시지 않으면 탈수 상태에 빠지기 쉽습니다. 목이 마른데 물이 없어서 마시지 못하는 일이 없도록 여러 곳에 물그릇을 놓아주세요.

음식량을 제한해야 할까?

신장병이 있는 반려견의 에너지 요구량은 건강한 반려견과 크게 다르지 않습니다. 반려견의 활동량에 따라 달라지지만, 일반적으로 만성 신부전을 앓고 있는 반려견의 일일 에너지 요구량은 휴식 에너지 요구량에 1.1~1.6을 곱한 값입니다. 먼저 하루에 얼마나 많은 칼로리가 필요한지 알기 위해 일일 에너지 요구량을 계산한 뒤, 음식의 그램당 칼로리를 바탕으로 급여할 음식의 양을 정합니다. 반려견의 상태에 따라 다르지만, 대체로 필요한 에너지의 양은 건강한 상태일 때와 비교하여 큰 차이가 없습니다. 다만 질병이 점점 심해질수록 식욕이 떨어지기 때문에 필요한 양만큼 충분히 먹는지 지켜봐야 합니다. 식욕이 없거나 구토 때문에 잘 먹지 못한다면 동물병원에 가서 치료를 받아야 합니다.

신장병 사료에 적응하게 하려면?

신장 질환을 관리하기 위한 사료나 가정식은 일반 사료와 영양 구성이 다르므로 적응 기간을 가지고 천천히 교체해주는 것이 좋습니다. 일주일에서 열흘 정도의 기간을 잡고 새로운 음식의 비율을 늘려가면서 적응할 수 있도록 도와줍니다. 만일 반려견이 기존에 건식 사료를 먹었다면, 처음에는 건식으로 된 신장병 사료를 주는 것이 적응하는 데 조금 더 도움이 됩니다. 반려견이 기존에 습식 사료를 주로 먹었다면, 습식으로 된 신장병 사료에 적응할 수 있도록 비율을 늘리며 교체해 줍니다.

신장병 사료가 맛이 없어서 반려견이 잘 먹지 않는다면 소금 간을 하지 않은 수프 또는 닭고기를 넣고 끓인 국물을 줍니다. 다만 이때 양파는 넣지 말아야 합니다. 반려견이 양파를 먹으면 심한 빈혈이 생겨 위험할 수 있습니다. 아니면 꿀을 약간 섞어서 적응할 수 있도록 도와주는 것도 좋습니다. 음식을 약간 따뜻하게 데워주면 음식 냄새가 식욕을 자극하기에 반려견이 더 맛있게 먹을 수 있습니다.

주의해야 하는 간식

설문에 따르면 보호자 중 70% 이상이 반려견에게 애정을 표현하는 방법으로 간식을 준다고 응답했습니다. 간식을 먹으면서 행복해하는 반려견을 보는 것은 기분 좋은 일이지만, 반려견이 신장병에 걸렸을 때는 영양 관리가 굉장히 중요하므로 간식에도 신경을 써야 합니다. 신장병 관리를 위한 처방식 사료를 주면서 간식으로 신장에 좋지 않은 음식을 준다면 제대로 된 영양 관리가 어렵기 때문입니다.

신장병에 걸리면 특히 단백질을 제한해야 하므로 육포와 같은 건조 고기 간식은 피해야 합니다. 일반적인 반려견용 간식이나 사람 음식에는 나트륨과 인 함량이 상대적으로 많으므로 주의해야 합니다. 인의 함량을 제한해야 하므로 인이 많은 우유나 치즈 등의 유제품, 소고기, 생선, 간, 견과류는 피하는 것이 좋습니다.

가장 좋은 방법은 간식을 주지 않는 것이겠지요. 그럼에도 간식을 주고 싶다면 반려견이 좋아하는 신장병 반려견용 건사료 혹은 습식 사료를 주는 것이 좋습니다. 또는 만들어둔 가정식을 콩알만 한 크기로 주먹밥 만들듯이 뭉쳐서 줄 수도 있습니다.

신부전에 좋은

닭가슴살 감자죽

만드는 법

1 쌀밥은 129g을 준비합니다.

2 닭가슴살은 물에 삶아서 29g을 준비합니다. 먹기 좋은 크기로 작게 잘라줍니다.

3 감자를 잘 씻어서, 소금을 넣지 않은 끓는 물에 30분 정도 삶습니다. 감자의 크기에 따라서 속까지 익도록 좀 더 오랜 시간 삶을 수도 있습니다. 감자가 잘 익었으면 52g을 준비하여 잘게 잘라둡니다.

4 당근은 32g을 준비하여 잘게 썰어둡니다.

5 쌀밥, 적절한 크기로 작게 자른 닭고기, 감자, 당근을 냄비에 넣고 재료가 잠길 정도로 물을 자작하게 넣고 끓여줍니다. 그릇에 옮겨 담고 옥수수유 2g과 오메가-3 3g을 넣습니다.

6 마지막으로 영양제인 밸런스 IT 케나인 K 플러스 3.4g을 넣고 잘 섞어줍니다.

열량

318kcal
4kg 중성화 성견 기준, 1일 분량

재료

쌀밥 129.0g
닭가슴살 29.0g
감자 52.0g
당근 32.0g
옥수수유 2.0g
오메가-3*(Nordic Naturals Pet Omega-3 Liquid)* 3.0g
밸런스 IT 케나인 K 플러스 3.40g

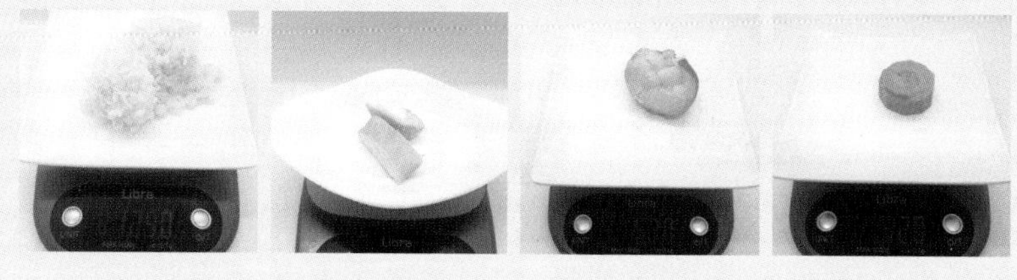

※ 달걀을 냉장고에서 꺼내 바로 삶으면 깨지기 쉬우니 실온에 30분 정도 두었다가 삶습니다. 물은 달걀 높이의 2배 정도가 되게 넣어줍니다. 센 불로 끓이다가 물이 끓기 시작하면 중간 불로 조절한 뒤 반숙을 하려면 6~7분 정도, 완숙을 하려면 11분 정도 더 끓입니다.

※ 신장은 각종 무기질을 배출하고 재흡수하면서 몸의 전해질 수준을 조절합니다. 따라서 신장에 질병이 생기면 전해질 불균형이 발생하기 쉬우므로, 무기질 함량이 특화된 영양 보조제를 사용해야 합니다. 신장 기능이 저하된 반려견에게는 밸런스 IT 케나인 K가 적합합니다. 밸런스 IT 케나인 K는 열을 가하면 영양소가 파괴될 수 있기 때문에 음식을 냉장 보관하는 경우에는 데워서 급여하기 직전에 섞어서 줍니다.

달걀죽

열량

330kcal
4kg 중성화 성견 기준, 1일 분량

재료

쌀밥 148.1g

삶은 달걀 62.5g

옥수수유 2.3g($\frac{1}{2}$tsp)

오메가-3(*Nordic Naturals Pet Cod Liver Oil*) 2.2g($\frac{1}{2}$tsp)

밸런스 IT 케나인 K 3.24g

만드는 법

1 달걀을 준비합니다. 달걀 종류에 따라 조금씩 다르지만, 익히기 전 껍질째의 무게가 60g 정도인 경우 익혀서 껍질을 빼면 50g 정도가 됩니다. 레시피상 62.5g의 달걀이 필요하므로 2개를 준비합니다.

2 삶은 달걀을 찬물에 넣고 20분 정도 식힌 다음, 껍질을 벗기고 62.5g을 준비합니다.

3 쌀밥 148.1g을 준비합니다.

4 준비한 밥과 삶은 달걀을 냄비에 담고, 물을 자작하게 넣은 후 끓입니다. 끓이면서 달걀을 으깨 잘 섞이게 합니다.

5 적당히 식힌 뒤에 옥수수유 2.3g과 오메가-3 2.2g을 넣습니다.

6 준비된 음식에 밸런스 IT 케나인 K 3.24g을 넣고 잘 섞은 뒤에 급여합니다.

▶▶▶

▶▶▶

연어와 콘 그릿츠

열량

319kcal
4kg 중성화 성견 기준, 1일 분량

재료

콘 그릿츠(옥수수 알갱이) 378.1g
구운 연어 17.7g
옥수수유 3.9g($\frac{7}{8}$tsp)
오메가-3 *(Welactin Omega-3 Canine)* 2.2g($\frac{1}{2}$tsp)
밸런스 IT 케나인 K 3.6g

만드는 법

1 콘 그릿츠를 준비합니다. 콘 그릿츠는 말린 옥수수를 빻아서 만든 굵은 옥수수 가루입니다. 빵을 만들 때도 사용하기에 인터넷에서 쉽게 구매할 수 있습니다. 물을 넣어서 끓이면 불어나면서 무게가 증가하기 때문에 이번 레시피에서는 넉넉하게 150g 정도를 재서 사용했습니다.

2 약 300ml의 물을 나누어 부어가며 콘 그릿츠를 15분 정도 삶습니다. 다 익으면 물기가 별로 없는 상태가 됩니다. 물을 한 번에 다 넣으면 물기가 많아지므로 주의합니다. 알갱이가 굵어서 15분을 익혔는데도 뭉근해지지 않았다면 물을 약간 추가해서 5분 정도 더 끓입니다.

3 익은 콘 그릿츠 378.1g을 준비합니다.

4 따로 간을 하지 않은 생연어 또는 냉동 연어를 손질한 구이용 연어를 준비합니다. 신장 질환이 있는 반려견을 위한 음식이라서 소량만 준비해야 합니다. 연어는 180~220℃의 오븐에 15~25분 정도 구우면 잘 익습니다. 연어에는 100g당 최대 1.5g의 오메가-3가 포함되어 있습니다.

5 잘 구워진 연어 17.7g을 준비합니다.

6 연어와 콘 그릿츠를 잘 섞은 뒤에, 옥수수유 3.9g, 오메가-3 2.2g을 넣어 다시 한번 잘 섞습니다.

7 밸런스 IT 케나인 K 3.6g(내장된 파란 스푼으로 1sp)을 넣은 뒤 급여합니다.

신부전에 좋은

소고기 파스타

열량

345kcal
4kg 중성화 성견 기준, 1일 분량

재료

파스타 157.5g

소고기(지방 함량 적은 부위) 14.2g

옥수수유 3.4g($\frac{3}{4}$tsp)

오메가-3 *(Welactin Omega-3 Canine)*
3.4g($\frac{3}{4}$tsp)

밸런스 IT 케나인 K 플러스 5.1g

만드는 법

1 반려견의 선호에 맞춰 파스타를 준비합니다. 소금을 넣지 않은 물에 잘 익을 때까지 적정 시간 끓입니다.

2 잘 익은 파스타 157.5g을 준비합니다.

3 소고기는 지방 함량이 적은 부위의 다짐육을 사용합니다. 우둔, 설도, 사태 중에서 가능한 것을 준비합니다. 소고기를 프라이팬에 넣고 잘 굽습니다.

4 구운 소고기 14.2g을 준비합니다.

5 파스타와 소고기를 팬에 옮겨 담고 옥수수유 3.4g을 넣고 가볍게 볶습니다.

6 완성된 음식을 그릇에 담고 오메가-3 3.4g과 밸런스 IT 케나인 K 플러스 5.1g을 넣고 잘 섞은 후 급여합니다.

▶▶▶

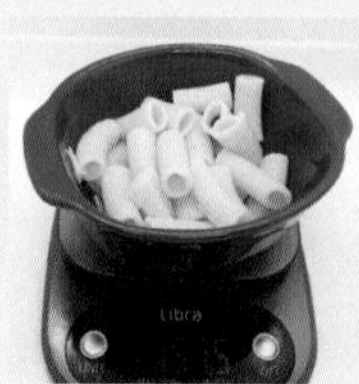

03

심장병: 나트륨 섭취를 관리하기

한 연구에 따르면 반려견의 11%가 심장 질환을 앓고 있다고 합니다. 그만큼 심장 질환은 개에게 흔한 질병 중 하나입니다. 그중 95%가 나이가 든 뒤에 발생하는 후천적인 질환입니다. 심장병을 쉽게 고칠 수는 없지만, 건강검진을 통해 조기에 발견하고 제대로 관리해준다면 삶의 질과 기대 수명이 향상될 수 있습니다.

심장병과 고혈압의 악순환을 초래할 수도 있는 나트륨

심장병 관리에서도 영양 관리가 매우 중요합니다. 먼저 반려견이 비만이나 체중 미달이 되지 않도록 적정 칼로리를 급여해서 체중을 관리해야 합니다. 심장병이 있다면 짜지 않게 먹는 것이 중요하며, 특히 나트륨 섭취를 제한해야 합니다. 건강한 개는 나트륨을 많이 먹어도 소변으로 잘 배출합니다. 하지만 심장병에 걸리면 몸에 변화가 일어나기 때문에 나트륨을 소변으로 충분히 배출하지 못하게 됩니다. 몸에 나트륨이 많아지면 고혈압이 발생할 수도 있는데, 고혈압은 다시 심장 질환을 악화시킵니다. 그러므로 심장병 초기 단계부터 나트륨 섭취량을 관리하는 습관을 들이는 것이 좋습니다.

그 밖에 항산화제, 오메가-3, 타우린 등의 영양소가 심장병을 관리하는 데 도움을 줍니다. 타우린은 고양이에게 굉장히 중요한 영양소로, 부족하면 심장병이 발생합니다. 반면 개는 타우린을 합성할 수 있어서 고양이만큼 중요하지는 않습니다. 그렇다 해도 타우린 결핍으로 심장 문제가 나타날 수 있기에, 심장병이 있다면 최소 0.1%(DM 기준) 정도로, 하루 500~1,000mg을 공급하는 것이 좋습니다.

진단은 받았지만 아직 증상이 없다면?

증상은 없지만 동물병원에서 심장 질환을 진단받았다면 가벼운 나트륨 제한(100mg/100kcal 미만) 식이를 하는 것이 좋습니다. 이와 함께 영양 결핍이나 과잉을 피하고 적정 수준의 칼로리를 맞춰 먹이면서 최적의 몸 상태를 유지하도록 관리합니다. 신체충실지수 5단계 중 3단계에 해당하는 체형이 이상적입니다.

증상이 없을 때 식이 관리의 목표는 가볍게 나트륨을 제한하며 최적의 건강 상태를 만드는 것입니다. 반려견이 과체중이나 비만이라면 심장 질환에 좋지 않은 영향을 주므로 체중을 감량해야 합니다. 정기적으로 동물병원을 방문하여 체중 관리와 심장병 관리를 받도록 합니다.

심장병 증상이 나타났다면?

심장병이 있으면 산책이나 운동을 할 때 반려견이 금방 지치며, 숨을 헐떡이거나 기침을 할 수 있습니다. 이는 심장의 기능이 떨어져서 나타나는 증상으로, 동물병원에서 진료를 받아야 합니다.

심장병 증상이 나타난 이후에는 점차 체중이 감소할 수 있습니다. 칼로리를 충분히 섭취하지 못하면 근육이 줄고 면역력과 기력이 저하됩니다. 따라서 반려견이 심장병 증상을 보인다면 체중을 주기적으로 확인해야 하며, 체중이 줄고 있다면 칼로리를 충분히 섭취할 수 있는 영양 설계가 필요합니다. 이때 나트륨 섭취량은 0.2~0.375%(DM 기준)로 제한해야 합니다.

소고기 볶음밥

열량

336kcal
4kg 중성화 성견 기준, 1일 분량

재료

쌀밥 59.2g

소고기(지방 함량 적은 부위) 81.5g

옥수수유 2.8g($\frac{5}{8}$tsp)

오메가-3 *(Welactin Omega-3 Canine)*
2.8g($\frac{5}{8}$tsp)

영양제 옵션
① **밸런스 IT 케나인** 4.38g($1\frac{3}{4}$tsp)
② **밸런스 IT 케나인 플러스** $1\frac{1}{4}$tsp

※ 예시에서는 다짐육을 사용했기에 따로 자르지 않았지만, 스테이크용이나 육전용 또는 큐브형을 사용하면 조각의 크기가 커서 반려견이 고기만 골라 먹을 수 있습니다. 고기의 조각이 큰 경우에는 익히기 전에 다지거나, 익힌 뒤에 잘게 자릅니다.

만드는 법

1 소고기는 우둔, 설도, 사태 등 지방 함량이 적은 부위의 다짐육을 사용합니다. 이번에는 홍두깨살 다짐육을 사용했습니다. 홍두깨살을 프라이팬에 굽습니다. 따로 기름 없이 구우면 되는데, 기름이 적은 부위이므로 잘 휘저으면서 타지 않도록 주의합니다.

2 구운 홍두깨살 81.5g을 준비합니다.

3 쌀밥 59.2g을 준비합니다.

4 준비한 밥과 홍두깨살을 잘 섞습니다.

5 잘 섞은 뒤에 옥수수유 2.8g과 오메가-3 2.8g을 넣고 다시 섞습니다.

6 마지막으로 밸런스 IT 케나인 혹은 밸런스 IT 케나인 플러스를 필요량만큼 넣고 섞은 후 급여합니다. 미리 만들어 보관하다가 급여하는 경우 밸런스 IT 케나인을 사용한다면, 음식을 데운 다음 반려견에게 주기 직전에 섞어서 줍니다.

▶▶▶

닭가슴살 감자 스크램블

열량

349kcal
4kg 중성화 성견 기준, 1일 분량

재료

감자 259.5g

닭가슴살 31.9g

스크램블 에그 35.4g

옥수수유 0.6g($\frac{1}{8}$tsp)

영양제 옵션
① **밸런스 IT 케나인** 4.06g($1\frac{5}{8}$tsp)
② **밸런스 IT 케나인 플러스** $1\frac{1}{4}$tsp

만드는 법

1. 감자를 잘 씻은 뒤에 오븐에 넣고 180℃에서 40분 정도 구워 속까지 충분하게 익힙니다. 냄비에 삶거나 찌기, 굽기 등의 방법을 이용해도 무방합니다.
2. 닭가슴살은 구워서 익힌 상태로 무게를 재서 31.9g을 준비합니다.
3. 달걀 1개를 프라이팬에 깨뜨려서 잘 저어주면서 스크램블 에그를 만듭니다. 만든 스크램블 에그는 따로 무게를 재어 35.4g만 사용합니다.
4. 반려견이 특정 재료만 골라 먹지 않도록 재료는 각각 잘게 잘라 옥수수유 0.6g과 함께 잘 섞습니다.
5. 마지막으로 밸런스 IT 케나인 혹은 밸런스 IT 케나인 플러스를 필요량만큼 넣고 섞은 후 급여합니다. 미리 만들어 보관하다가 급여하는 경우 밸런스 IT 케나인을 사용한다면, 음식을 데운 다음 반려견에게 주기 직전에 섞어서 줍니다.
6. 재료들은 섞은 상태로 줘도 좋지만, 주먹밥을 만들듯 뭉쳐서 줘도 됩니다. 감자를 으깨고 스크램블 에그와 닭가슴살을 잘 비벼서 섞은 다음 반려견이 먹기 좋은 크기로 뭉쳐서 줍니다.

심장병에 좋은

닭가슴살 고구마 볼

열량

336kcal
4kg 중성화 성견 기준, 1일 분량

재료

고구마 50.0g

닭가슴살 138.2g

옥수수유 1.7g($\frac{3}{8}$tsp)

오메가-3 *(Welactin Omega-3 Canine)*
1.7g($\frac{3}{8}$tsp)

영양제 옵션
① **밸런스 IT 케나인** 4.38g(1$\frac{3}{4}$tsp)
② **밸런스 IT 케나인 플러스** 1$\frac{1}{4}$tsp

만드는 법

1 고구마를 오븐에 넣고 180℃에서 30~40분 정도 충분히 굽습니다. 오븐이 없다면 속까지 잘 익도록 팬에 구워서 50g을 준비합니다.

2 닭가슴살은 구워서 익힌 상태로 무게를 재서 138.2g을 준비합니다. 그리고 반려견이 골라 먹지 않을 정도로 작게 자릅니다.

3 적당한 크기로 자른 닭가슴살을 으깬 고구마와 옥수수유 1.7g과 오메가-3 1.7g을 넣고 잘 섞습니다.

4 마지막으로 밸런스 IT 케나인 혹은 밸런스 IT 케나인 플러스를 필요량만큼 넣고 섞은 후 급여합니다. 미리 만들어 보관하다가 급여하는 경우 밸런스 IT 케나인을 사용한다면, 음식을 데운 다음 반려견에게 주기 직전에 섞어서 줍니다.

5 섞은 그대로 급여해도 좋지만, 반려견이 먹기 편한 크기로 다양한 모양과 크기로 뭉쳐서 줘도 좋습니다. 조리 과정이 비교적 재미있어서 아이들과 함께 만들어도 좋습니다. 주식이지만 맛이 좋아서 반려견이 간식처럼 잘 먹습니다.

심장병에 좋은

연어 라이스

열량

331kcal
4kg 중성화 성견 기준, 1일 분량

재료

쌀밥 138.2g

연어 63.8g

옥수수유 3.9g($\frac{7}{8}$tsp)

영양제 옵션
① **밸런스 IT 케나인** 4.06g($1\frac{5}{8}$tsp)
② **밸런스 IT 케나인 플러스** $1\frac{1}{4}$tsp

만드는 법

1 따로 간을 하지 않은 생연어 또는 냉동 연어를 손질한 구이용 연어를 준비합니다. 180℃에서 15~25분 정도 구우면 잘 익습니다. 연어의 두께나 오븐의 성능에 따라서 시간이나 온도 설정을 조금씩 달리해도 괜찮습니다.

2 잘 구워진 연어 63.8g을 준비합니다.

3 쌀밥 138.2g을 준비합니다.

4-1 준비한 쌀밥과 연어를 냄비에 담고 물을 자작하게 넣어서 끓입니다. 완성된 죽을 그릇에 옮겨 담고 옥수수유 3.9g을 넣어 섞은 후 밸런스 IT 케나인 플러스나 밸런스 IT 케나인 중 원하는 것을 선택해서 넣습니다.

4-2 연어와 밥을 프라이팬에 담고 옥수수유 3.9g을 넣어 타지 않도록 조심하며 살짝 볶아서 볶음밥을 만들어도 좋습니다. 마찬가지로 밸런스 IT 케나인 또는 밸런스 IT 케나인 플러스 중에 원하는 것을 급여 전에 넣습니다.

4-3 구운 연어와 쌀밥, 옥수수유와 영양제가 충분히 섞이도록 잘 비빈 뒤에 반려견이 한입에 먹을 수 있도록 주먹밥처럼 뭉쳐서 주어도 좋습니다.

04

췌장염: 지방 함량을 최소화하기

췌장염은 말 그대로 췌장이라는 장기에 염증이 생기는 질병입니다. 췌장염에 걸린 반려견은 밥을 잘 먹지 않거나 토할 수 있습니다. 반려견이 심한 구토를 한다면 무리해서 먹이지 않는 편이 좋습니다. 무리해서 먹이다가 음식이 기도로 넘어가면 폐에 염증을 일으킬 수 있기 때문입니다. 췌장염은 사망에 이를 수도 있는 질병이므로, 반려견이 심한 구토를 한다면 되도록 빨리 동물병원으로 데려가 진료를 받아야 합니다.

또 배에 통증을 느낄 수 있습니다. 엉덩이를 든 채 앞다리를 앞으로 쭉 뻗어서 스트레칭하는 듯한 자세로 멈춰 있기도 하는데, 이는 배가 아프다는 표현입니다.

사실 췌장염은 굉장히 심한 통증을 유발하지만, 아파도 티를 안 내는 반려견이 많습니다. 따라서 증상이 나타났다면 많이 아프다는 의미일 수 있으니 반드시 동물병원에서 진료를 받아야 합니다.

재발률이 높은 췌장염

동물병원에서 췌장염을 진단받았다면 꾸준히 식이 관리를 해주어야 합니다. 그렇게 해서 상태가 호전됐다 하더라도, 식이 관리를 제대로 하지 않고 기름진 음식을 먹인다면 다시 췌장염에 걸릴 가능성이 큽니다. 실제로도 췌장염 때문에 동물병원에 온 반려견 중에는 삼겹살과 같은 기름진 음식을 먹고 아프기 시작한 경우가 많습니다.

이처럼 기름진 음식, 즉 지방의 함량이 높은 음식은 췌장염을 유발할 수 있습니다. 따라서 반려견이 췌장염이라면 저지방 식사를 주어야 합니다. 지방 함량을 15%(DM 기준) 이하로, 비만견이라면 10%(DM 기준) 이하로 유지해야 하며, 지방 함량이 높은 간식이나 사람이 먹는 음식은 주지 말아야 합니다.

췌장염은 재발률이 높으며, 심한 경우 사망에 이를 수 있기 때문에 장기간 철저하게 관리해야 합니다. 반려견이 특정 음식을 먹은 이후에 췌장염이 재발한 것 같다면 어떤 음식을 급여했는지 동물병원에 가서 수의사에게 상세히 알려주세요. 그리고 이후로는 그 음식은 물론, 그보다 기름진 음식은 되도록 주지 않는 것이 좋습니다.

기름진 간식은 피하자

간식을 주고 싶은데 반려견이 췌장염이라면 육포를 비롯한 저키jerky 형태의 간식은 피하고, 탄수화물이 주를 이루는 비스킷 타입의 간식을 주는 것이 좋습니다. 간식은 주식의 5%를 넘지 않는 것이 좋고, 아주 많이 주어도 10%를 넘기지 않도록 조절해야 합니다.

사람이 먹는 음식은 되도록 급여하지 않는 것이 좋으며, 특히 삼겹살과 같은 기름진 음식은 피해야 합니다. 그 밖에 소고기, 양고기, 소시지, 연어, 치즈, 두부, 땅콩잼 등도 기름지기 때문에 주지 않도록 합니다. 만일 사람이 먹는 음식을 굳이 줘야 하는 상황이라면 브로콜리 같은 채소나 과일을 소량만 줍니다. 다만 어떤 경우에도 포도는 절대 줘선 안 됩니다. 포도는 반려견에게 신장 문제를 유발하고, 적은 양을 먹었는데도 사망에 이르는 경우도 있습니다.

닭가슴살 감자 구이

만드는 법

1 감자는 껍질을 그대로 사용할 것이므로 깨끗이 씻어서 180℃로 예열한 오븐에 약 40분간 굽습니다. 감자는 최종적으로 205.5g이 필요한데 갈거나 으깨는 과정에 그릇이나 도구에 묻어서 줄어드는 양을 고려해서 약간 여유 있게 준비합니다.

2 오븐에 구운 감자는 숟가락이나 기타 도구를 사용해서 으깨거나 갈아 205.5g을 준비합니다.

3 닭가슴살은 큐브 형태로 자르거나 더 잘게 잘라서 중심부까지 충분히 익힙니다.

4 익힌 닭가슴살은 무게를 재서 61.2g을 준비합니다.

5 으깬 감자와 익힌 닭가슴살을 섞은 것에 카놀라유 3.9g을 넣고 섞습니다.

6 마지막으로 밸런스 IT 케나인 혹은 밸런스 IT 케나인 플러스를 필요량만큼 넣고 섞은 후 급여합니다. 미리 만들어 보관하다가 급여하는 경우 밸런스 IT 케나인을 사용한다면, 음식을 데운 다음 반려견에게 주기 직전에 섞어서 줍니다.

열량

328kcal
4kg 중성화 성견 기준, 1일 분량

재료

감자 205.5g
닭가슴살 61.2g
카놀라유 3.9g($\frac{7}{8}$tsp)
영양제 옵션
① **밸런스 IT 케나인** 4.06g($1\frac{5}{8}$tsp)
② **밸런스 IT 케나인 플러스** $1\frac{1}{4}$tsp

▶▶▶

※ 교차 감염을 방지하기 위해, 생닭을 사용하는 경우엔 고기 전용 도마와 칼을 사용해 자릅니다. 그런 다음에는 팬에 익혀도 좋고, 에어프라이어나 오븐에서 익혀도 좋습니다.

췌장염에 좋은

닭가슴살 파스타

만드는 법

1 반려견의 선호에 맞춰 파스타를 준비합니다. 소금을 넣지 않은 물에 잘 익을 때까지 적정 시간 끓입니다.

2 잘 익은 파스타 140g을 준비합니다.

3 닭가슴살은 잘 구워서 43.8g을 준비합니다.

4 닭가슴살과 파스타를 냄비에 담고, 카놀라유 3.4g을 넣고 살짝 볶습니다.

5 완성된 음식은 그릇에 담고 마지막으로 밸런스 IT 케나인 혹은 밸런스 IT 케나인 플러스를 필요량만큼 넣고 섞은 후 급여합니다. 미리 만들어 보관하다가 급여하는 경우 밸런스 IT 케나인을 사용한다면, 음식을 데운 다음 반려견에게 주기 직전에 섞어서 줍니다.

열량

323kcal
4kg 중성화 성견 기준, 1일 분량

재료

파스타 140.0g

닭가슴살 43.8g

카놀라유 3.4g($\frac{3}{4}$tsp)

영양제 옵션
① **밸런스 IT 케나인** 4.06g($1\frac{5}{8}$tsp)
② **밸런스 IT 케나인 플러스** $1\frac{1}{4}$tsp

▶▶▶

췌장염에 좋은

닭가슴살 셀러리죽

만드는 법

1 셀러리는 소금을 넣지 않은 끓는 물에 살짝 데칩니다.

2 데친 셀러리 65.6g을 준비한 뒤 잘게 썰어둡니다.

3 당근 39g을 준비하여 잘게 썰어둡니다.

4 닭가슴살은 구워서 52.5g을 준비합니다. 크기가 크면 반려견이 닭고기만 골라 먹을 수 있으니 잘게 자릅니다.

5 준비한 셀러리, 당근, 닭가슴살을 냄비에 넣고 카놀라유 2.8g을 넣은 뒤 살짝 볶습니다.

6 쌀밥 158g을 준비합니다. 살짝 볶은 당근, 셀러리, 닭가슴살에 밥을 넣고 이들 재료가 잠길 정도로 물을 부은 뒤에 끓입니다.

7 죽이 잘 끓었으면 그릇에 옮겨 담고, 마지막으로 밸런스 IT 케나인 혹은 밸런스 IT 케나인 플러스를 필요량만큼 넣고 섞은 후 급여합니다. 미리 만들어 보관하다가 급여하는 경우 밸런스 IT 케나인을 사용한다면, 음식을 데운 다음 반려견에게 주기 직전에 섞어서 줍니다.

열량

342kcal
4kg 중성화 성견 기준, 1일 분량

재료

쌀밥 158.0g

닭가슴살 52.5g

셀러리 65.6g

당근 39.0g

카놀라유 2.8g ($\frac{5}{8}$tsp)

영양제 옵션
① **밸런스 IT 케나인** 4.38g($1\frac{3}{4}$tsp)
② **밸런스 IT 케나인 플러스** $1\frac{1}{4}$tsp

▶▶▶

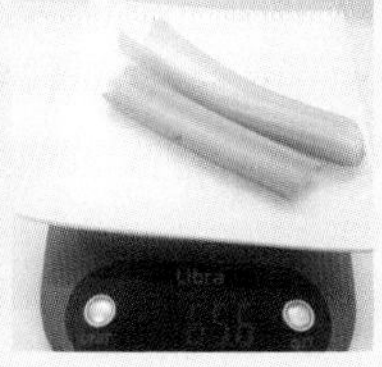

췌장염에 좋은

미음

열량

33kcal(레시피 기준)

재료

쌀가루 9g

물 180ml

만드는 법

1 쌀가루를 준비합니다. 쌀미음은 보통 10배에서 20배로 죽을 만드는 경우가 많습니다. 20배 죽을 만든다면 쌀가루와 물의 비율을 1:20으로 하면 됩니다. 이 레시피에서는 쌀가루 9g을 사용하고 물 180ml를 넣었습니다.

2 쌀가루는 미리 물에 풀어 섞어두어야 합니다. 쌀가루에 찬물을 부어가며 덩어리지지 않도록 충분히 섞습니다.

3 물에 푼 쌀가루를 냄비에 넣고 바닥에 눌어붙지 않도록 계속 저어가며 센 불에 끓입니다. 미음이 끓어 오르면 약한 불에 살짝 걸쭉해질 때까지 5~10분 정도 더 끓입니다.

▶▶▶

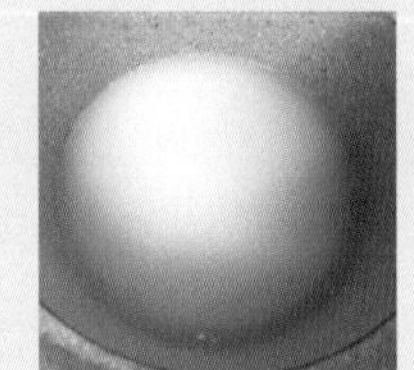

※ 반려견이 구토를 심하게 하는 증상으로 동물병원에 가서 검사와 진료를 받았는데 췌장염을 진단받은 경우, 초기에는 기존에 먹던 일반식을 주기보다는 쌀죽이나 쌀미음을 주면 도움이 됩니다. 쌀가루나 시중에 이유식용으로 나온 쌀가루 스틱 등을 이용하면 어렵지 않게 만들 수 있습니다.

※ 쌀을 직접 갈아서 만들 수도 있습니다. 쌀을 30분 정도 불립니다. 그런 다음 불리기 전 무게(g)의 10~20배에 해당하는 양의 물(ml)과 함께 믹서에 넣고 갈아서 끓입니다. 절구를 사용한다면 불린 쌀을 절구에 넣고 빻은 후, 10~20배에 해당하는 양의 물과 함께 냄비에 담고 잘 섞어서 끓이면 미음이 완성됩니다.

05

당뇨병: 탄수화물은 적게, 섬유질은 높게

당뇨병은 동물병원에서 규칙적으로 진료를 받으면서 일상적인 모니터링과 영양 관리에 신경을 써야 하는 내분비 질병입니다. 일반적으로 저탄수화물 및 고섬유질 식이가 혈당 수치를 관리하는 데 도움이 됩니다. 당뇨병에 걸리면 당이 소변으로 배출되면서 물도 많이 배출되므로 몸에 수분이 부족해지기 쉽습니다. 따라서 반려견이 당뇨병에 걸리면 물을 잘 마실 수 있게 집 안 곳곳에 물그릇을 놓아두는 것이 좋습니다.

 저탄수화물 식단

당뇨병에 걸리면 혈당 수치를 적정 수준으로 관리해야 합니다. 음식에 탄수화물이 많으면 식사 직후 소화가 되면서 혈당 수치가 갑자기 증가합니다. 이처럼 갑작스러운 혈당 수치 증가를 막으려면 탄수화물의 섭취를 줄여야 합니다. 탄수화물 섭취량이 적으면 간에서 당을 만들어 혈액으로 천천히 내보내주므로, 혈당이 갑작스럽게 증가하거나 감소하지 않고 안정적인 상태를 유지할 수 있습니다. 탄수화물은 55%(DM 기준) 이하로 주는 것이 좋습니다.

같은 이유로 설탕이 많이 든 간식도 주지 않도록 합니다. 탄수화물을 적게 주는 대신 단백질을 충분히 줘야 적정 칼로리를 섭취할 수 있으며, 근육도 줄어들지 않습니다. 단백질 함량은 15~35%(DM 기준) 정도가 적당합니다.

저지방 식단

당뇨병에 걸리면 혈액 중에 지방 성분이 증가하기 쉽습니다. 당뇨병은 주로 인슐린이라는 호르몬이 부족해져서 발생하는데, 고지방 식이는 인슐린의 활동을 방해하므로 당뇨병을 악화시킬 수 있습니다. 또한 당뇨병에 걸리면 췌장염이 발생할 위험이 큰데, 고지방 식단은 췌장염을 유발하기도 합니다. 그러므로 지방은 되도록 25%(DM 기준) 이하로 조절해서 주는 것이 좋습니다.

다만 반려견이 너무 말라서 체중을 늘릴 필요가 있다면 식단에서 지방 함유량을 높이는 경우도 있습니다.

고섬유질 식단

음식에 섬유질을 충분히 포함하면 혈당을 안정적으로 유지하는 데 도움이 됩니다. 섬유질은 장에서 일종의 젤리와 같은 형태가 되므로, 장에서 당을 천천히 흡수하게 됩니다. 음식에 탄수화물 함량이 많더라도 섬유질이 많다면 섭취 직후 혈당 수치가 갑작스럽게 증가하는 것을 막아줍니다.

섬유질 급여량은 7~18%(DM 기준) 정도가 좋지만, 최적의 섬유질 급여량은 정해져 있지 않으므로 반려견의 상태에 따라 조절해야 합니다. 섬유질은 물을 잘 흡수하므로, 고섬유질의 식사를 줄 때는 물을 충분히 마실 수 있도록 눈에 띄는 곳에 물그릇을 준비해두어야 합니다.

▶▶▶

1CUP
8OZ
1CUP
Libre
Libre

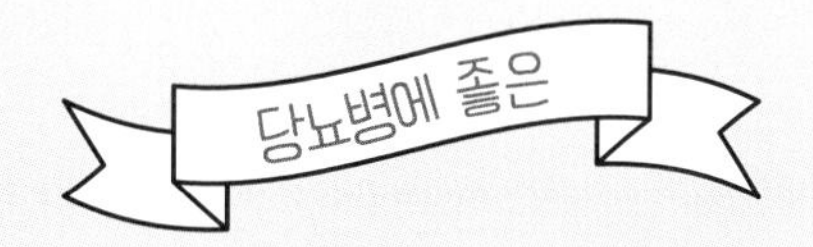

닭가슴살 렌틸콩

열량

325kcal
4kg 중성화 성견 기준, 1일 분량

재료

삶은 렌틸콩 74.2g(약 $\frac{3}{8}$컵)

닭가슴살 105.0g

옥수수유 7.3g($1\frac{5}{8}$tsp)

영양제 옵션
① **밸런스 IT 케나인** 4.06g($1\frac{5}{8}$tsp)
② **밸런스 IT 케나인 플러스** $1\frac{1}{4}$tsp

만드는 법

1. 렌틸콩을 준비합니다. 삶으면 부피가 조금 늘어나므로 74.2g보다 약간 적게 담아도 괜찮습니다. 삶기 전에 물에 불려도 좋지만 불리지 않아도 됩니다.
2. 렌틸콩을 흐르는 물에 잘 씻어서 냄비에 넣고 삶습니다. 물은 렌틸콩 부피의 3배 정도가 되도록 넣습니다. 센 불로 끓이다가 물이 펄펄 끓기 시작하면 약한 불로 줄여 렌틸콩이 잘 익을 때까지 30분 정도 삶습니다.
3. 잘 삶아진 렌틸콩은 체에 밭쳐서 물기를 뺀 후 74.2g을 준비합니다.
4. 적당히 잘라서 속까지 완전히 익힌 닭가슴살 105g을 준비합니다.
5. 구운 닭가슴살을 가위로 잘게 자릅니다. 반려견이 닭가슴살만 골라 먹지 않을 정도로 잘게 자르면 됩니다.
6. 렌틸콩과 닭가슴살을 함께 담아 잘 섞은 뒤, 옥수수유 7.3g을 넣고 다시 한번 잘 섞습니다.
7. 마지막으로 밸런스 IT 케나인 혹은 밸런스 IT 케나인 플러스를 필요량만큼 넣고 섞은 후 급여합니다. 미리 만들어 보관하다가 급여하는 경우 밸런스 IT 케나인을 사용한다면, 음식을 데운 다음 반려견에게 주기 직전에 섞어서 줍니다.

당뇨병에 좋은

닭가슴살 현미밥

열량

329kcal
4kg 중성화 성견 기준, 1일 분량

재료

현미밥 24.4g

닭가슴살 105.0g

무설탕 무향 차전자피 *(Metamucil sugar free original smooth powder)* 18.2g

옥수수유 8.4g(1 7/8 tsp)

영양제 옵션
① **밸런스 IT 케나인** 4.38g(1 3/4 tsp)
② **밸런스 IT 케나인 플러스** 1 1/4 tsp

만드는 법

1 잘 익힌 현미밥 24.4g을 준비합니다.

2 물에 끓여서 익힌 닭가슴살은 큐브 모양으로 썰어 105g을 준비합니다.

3 닭가슴살, 현미밥, 차전자피 18.2g을 그릇에 넣고 충분히 섞어줍니다. 반려견이 편식이 심한 경우, 이 단계에서 식힌 다음에 믹서에 넣고 갈아서 주는 것이 좋습니다.

4 그릇에 옮겨 담은 뒤에 옥수수유 8.4g을 넣고 섞습니다.

5 마지막으로 밸런스 IT 케나인 혹은 밸런스 IT 케나인 플러스를 필요량만큼 넣고 섞은 후 급여합니다. 미리 만들어 보관하다가 급여하는 경우 밸런스 IT 케나인을 사용한다면, 음식을 데운 다음 반려견에게 주기 직전에 섞어서 줍니다.

당뇨병에 좋은

소고기 보리밥

열량

316kcal
4kg 중성화 성견 기준, 1일 분량

재료

보리밥 39.8g

소고기(지방 함량 적은 부위) 64.6g

무설탕 무향 차전자피(*Metamucil sugar free original smooth powder*) 12.1g

옥수수유 6.3g($\frac{1}{2}$tsp)

영양제 옵션
① **밸런스 IT 케나인** 4.0g($1\frac{5}{8}$tsp)
② **밸런스 IT 케나인 플러스** $1\frac{1}{4}$tsp

만드는 법

1 잘 익힌 보리밥 39.8g을 준비합니다.

2 소고기는 지방 함량이 적은 부위의 다짐육을 사용합니다. 우둔, 설도, 사태 중에서 원하는 부위를 사용하면 됩니다. 다진 소고기를 잘 구워 64.6g을 준비합니다.

3 프라이팬에 옥수수유 6.3g을 두른 뒤 보리밥과 소고기를 넣고 살짝 볶습니다. 반려견이 편식이 심한 경우, 이 단계에서 식힌 다음에 믹서에 넣고 갈아서 주는 것이 좋습니다.

4 그릇에 옮겨 담은 뒤 차전자피 12.1g을 넣어 섞습니다.

5 마지막으로 밸런스 IT 케나인 혹은 밸런스 IT 케나인 플러스를 필요량만큼 넣고 섞은 후 급여합니다. 미리 만들어 보관하다가 급여하는 경우 밸런스 IT 케나인을 사용한다면, 음식을 데운 다음 반려견에게 주기 직전에 섞어서 줍니다.

▶▶▶

연어 고구마볼

열량

316kcal
4kg 중성화 성견 기준, 1일 분량

재료

고구마 34.6g
무설탕 무향 차전자피(*Metamucil sugar free original smooth powder*) 16.1g
연어 113.0g
옥수수유 2.1g($\frac{1}{2}$tsp)
영양제 옵션
① **밸런스 IT 케나인** 3.68g(1$\frac{1}{2}$tsp)
② **밸런스 IT 케나인 플러스** 1$\frac{3}{8}$tsp

만드는 법

1 고구마를 오븐에 넣고 180℃에서 30~40분 정도 충분히 굽습니다. 고구마의 굵기나 오븐의 사양에 따라 온도와 시간을 조절해서 타지 않으면서 속까지 잘 익게 합니다. 오븐이 없다면 프라이팬에 굽습니다. 잘 구워진 고구마 34.6g을 준비합니다.

2 따로 간을 하지 않은 생연어 또는 냉동 연어를 손질한 구이용 연어를 준비합니다. 연어의 두께나 오븐의 성능에 따라 속까지 익을 정도로 시간이나 온도 설정을 조절합니다. 180~220℃의 오븐에 15~25분 정도 구우면 잘 익습니다. 구운 연어는 살코기만 발라 내서 113g을 준비합니다.

3 연어와 고구마에 차전자피 16.1g과 옥수수유 2.1g을 넣고 잘 섞습니다.

4 밸런스 IT 케나인 혹은 밸런스 IT 케나인 플러스를 필요량만큼 넣고 섞은 후 급여합니다. 미리 만들어 보관하다가 급여하는 경우 밸런스 IT 케나인을 사용한다면, 음식을 데운 다음 반려견에게 주기 직전에 섞어서 줍니다.

5 고구마와 연어를 섞은 상태 그대로 줘도 좋지만, 먹기 편한 크기로 다양한 모양과 크기로 뭉쳐서 줘도 좋습니다. 조리 과정이 비교적 재미있어서 아이들과 함께 만들어도 좋고, 주식이지만 맛이 좋아서 반려견이 잘 먹습니다.

06

음식 알레르기: 식이 제한으로 원인 찾기

음식 알레르기가 있는 반려견은 종종 가려워해서 몸 여기저기를 긁거나 핥으며, 머리를 땅에 비비기도 하고, 몸을 씹기도 합니다. 음식 알레르기 이외의 다른 피부 질환도 가려움증을 유발하는 경우가 많습니다. 반려견이 이와 같은 증상을 보인다면 동물병원을 방문하여 정확한 진단과 함께 치료를 받아야 합니다.

알레르기의 원인을 찾아내는 식이 제한 테스트

음식 알레르기는 음식의 특정 성분에 대해서 몸의 면역체계가 반응하여 발생합니다. 음식 중에서도 주로 단백질이 알레르기를 유발합니다. 개의 알레르기는 소고기, 양고기, 닭고기, 유제품, 밀, 달걀, 콩이 주로 일으킨다고 알려져 있습니다. 그러나 알레르기를 유발하는 음식 성분은 동물마다 다릅니다.

음식 알레르기인지를 확인할 때는 식이 제한 테스트라는 방법을 이용합니다. 처음부터 시도하는 것은 아니며, 수의사가 반려견을 종합적으로 평가한 뒤에 필요한 경우 진행합니다.

식이 제한 테스트는 살면서 섭취한 적이 없었던 음식 또는 알레르기를 유발하지 않는 음식을 6주 이상 먹이면서 반려견의 피부 상태를 점검하는 진단 방법입니다. 알레르기를 유발하는 단백질을 가수분해하여 대부분 펩타이드와 아미노산 형태로 만든 사료를 이용하거나, 사료에 일반적으로 사용하지 않는 단백질 성분이 들어간 사료를 활용할 수도 있습니다. 예를 들어 캥거루 사료 같은 경우는 우리나라에서 흔하지 않기 때문에, 반려견에게 캥거루 사료를 준 적이 없다면 나중에 식이 제한 테스트 때 활용해볼 수 있습니다. 또는 반려견에게 준 적이 없는 새로운 단백질을 이용해서 만든 가정식을 줄 수도 있습니다.

식이 제한 테스트를 할 때 중요한 점은 알레르기를 유발했을 것으로 예상되는 음식을 제외하는 것입니다. 이렇게 했을 때 피부 상태가 개선됐다면 그동안 급여했던 음식이 알레르기의 원인이었던 것으로 판단할 수 있습니다.

식이 제한 테스트를 할 때 주의할 점

식이 제한 테스트를 할 때는 인내심을 가지고 적어도 6~8주 이상은 계속해야 합니다. 보통 처음 6주 동안에 증상이 개선되지만, 개선되지 않는다면 10~12주 정도는 인내심을 가지고 꾸준히 해야 합니다. 또한 주기적으로 동물병원에 가야 하며, 절대로 다른 음식은 주면 안 됩니다. 수의사가 허용한 사료나 음식 이외에 모든 먹을 것은 기본적으로 주면 안 됩니다. 만약 주게 되더라도 사전에 반드시 수의사와 상담해야 합니다. 심지어 간식 형태의 심장사상충 예방약을 주고 있었다면 테스트 기간에는 다른 형태의 약을 줘야 할 수도 있습니다. 특정 음식 성분에 알레르기가 있는 것으로 진단됐다면, 그 음식은 절대로 주지 말아야 합니다. 알레르기를 유발하는 음식을 주면 피부병이 재발할 수 있습니다.

※ 음식 알레르기에서 식단은 치료와 진단의 중요한 부분이므로 식단을 계획하거나 활용할 때는 반드시 수의사와 상담해야 합니다. 음식 알레르기가 있는 반려견이 이전에 칠면조 고기를 먹어본 적이 없다면, 칠면조 고기를 활용한 식단을 짜는 것도 하나의 방법입니다. 해외와 달리 국내에서는 칠면조 고기가 보편적이지 않습니다. 상대적으로 낯선 식재료이기 때문에 칠면조를 먹어봤을 가능성이 적어서 음식 알레르기 식단에 활용하는 것입니다. 하지만 간식이나 사료에는 칠면조가 들어가는 경우가 적지 않으므로, 시작에 앞서서 칠면조가 포함된 것을 먹였던 적이 있는지 곰곰이 생각해보아야 합니다.

※ 외국계 대형 할인 매장에서 간혹 냉동 칠면조를 팔기도 합니다. 장기간 급여한다는 점을 고려해 필요량을 계산하여 중간에 재료가 부족해지지 않도록 충분히 준비합니다. 음식 알레르기를 위한 식단은 장기간 급여를 전제로 하는데, 훈제된 제품은 소금 간이 많이 되어 있으므로 본 레시피를 적용하여 장기간 급여하는 것은 부적절합니다. 간혹 어쩔 수 없이 소량 사용하게 된다면 물로 충분히 씻어서 소금기를 최대한 빼야 합니다.

칠면조 감자구이

열량

320kcal
4kg 중성화 성견 기준, 1일 분량

재료

껍질째 구운 감자 184.3g

칠면조 고기 63.9g

옥수수유 1.7g($\frac{3}{8}$tsp)

오메가-3 *(Welactin Omega-3 Canine)*
0.6g($\frac{1}{8}$tsp)

영양제 옵션
① **밸런스 IT 케나인** 3.44g(1$\frac{3}{8}$tsp)
② **밸런스 IT 케나인 플러스** 1tsp

만드는 법

1 칠면조 고기는 충분히 익혀서 63.9g을 준비한 후, 반려견이 고기만 발라서 먹지 않을 정도로 잘게 자릅니다.

2 감자는 껍질째 사용하므로 깨끗하게 씻습니다. 잘 세척한 감자는 포일에 싸서 200℃ 정도로 예열한 오븐에 40분 정도 굽습니다. 나무젓가락을 찔러 넣어서 속까지 잘 익었는지 확인합니다.

3 믹서로 갈거나 숟가락을 사용해서 으깹니다. 이 과정에서 소실량이 발생할 수 있으므로, 감자를 으깬 뒤에 무게를 재서 184.3g을 준비합니다.

4 잘게 자른 칠면조와 감자에 옥수수유 1.7g, 오메가-3 0.6g을 넣고 잘 섞습니다.

5 마지막으로 밸런스 IT 케나인 혹은 밸런스 IT 케나인 플러스를 필요량만큼 넣고 섞은 후 급여합니다. 미리 만들어 보관하다가 급여하는 경우 밸런스 IT 케나인을 사용한다면, 음식을 데운 다음 반려견에게 주기 직전에 섞어서 줍니다.

▶▶▶

※ 이전에 먹었던 음식들을 분석했을 때 오리나 오리가 포함된 사료 혹은 음식을 준 적이 없다면 이 식단으로 식이 제한 테스트를 할 수 있습니다. 이 기간에는 다른 음식을 주면 안 됩니다. 식이 제한 테스트를 하기 전에 반드시 동물병원에서 진료를 받고 충분한 상담을 한 뒤, 수의사의 지도에 따라 진행해야 합니다.

오리고기와 고구마구이

열량

322kcal
4kg 중성화 성견 기준, 1일 분량

재료

껍질째 구운 고구마 175.0g

오리고기 81.5g

옥수수유 0.6g ($\frac{1}{8}$tsp)

오메가-3 *(Welactin Omega-3 Canine)*
0.6g($\frac{1}{8}$tsp)

영양제 옵션
① **밸런스 IT 케나인** 3.75g($1\frac{1}{2}$tsp)
② **밸런스 IT 케나인 플러스** $1\frac{1}{8}$tsp

만드는 법

1 고구마를 깨끗이 씻은 다음 껍질째 포일로 감싸 오븐에 넣고 180℃에서 30~40분 정도 충분하게 굽습니다. 오븐에 굽는 것이 좋지만, 오븐이 없다면 다른 방법으로 굽거나 삶거나 쪄도 좋습니다.

2 고구마가 구워지는 동안 오리고기를 오븐에 굽습니다. 완전히 익은 오리고기의 무게를 재서 81.5g을 준비합니다.

3 구운 고구마 175g을 준비합니다. 고구마는 으깨거나 갈아서 사용할 텐데, 이 과정에서 소실량이 발생할 수 있으므로 분량을 여유 있게 하는 것이 좋습니다.

4 믹서에 고구마를 넣고 갈아줍니다. 핸드 믹서를 이용해서 갈아도 좋고, 숟가락을 이용해서 으깨도 좋습니다. 으깬 고구마는 다시 무게를 재서 175g을 준비합니다.

5 오리고기는 충분히 잘게 잘라줍니다. 너무 크면 반려견이 고기만 편식할 수 있기 때문입니다.

6 으깬 고구마와 자른 오리고기를 잘 섞은 뒤에, 옥수수유 0.6g과 액체로 된 오메가-3 0.6g을 넣고 잘 섞습니다.

7 마지막으로 밸런스 IT 케나인 혹은 밸런스 IT 케나인 플러스를 필요량만큼 넣고 섞은 후 급여합니다. 미리 만들어 보관하다가 급여하는 경우 밸런스 IT 케나인을 사용한다면, 음식을 데운 다음 반려견에게 주기 직전에 섞어서 줍니다.

타조 채소죽

열량

348kcal
4kg 중성화 성견 기준, 1일 분량

재료

쌀밥 98.8g

타조 고기 56.7g

브로콜리 19.5g

당근 15.2g

옥수수유 $\frac{7}{8}$tsp

영양제 옵션
① **밸런스 IT 케나인** 5.94g(2$\frac{3}{8}$tsp)
② **밸런스 IT 케나인 플러스** 1$\frac{3}{4}$tsp

※ 이전에 먹었던 음식을 분석했을 때 타조나 타조가 포함된 사료 혹은 음식을 준 적이 없다면 이 식단으로 식이 제한 테스트를 할 수 있습니다. 동물병원에서 진료를 받고 충분한 상담을 한 뒤, 수의사의 지도에 따라 진행하세요.

만드는 법

1 쌀밥 98.8g을 준비합니다.

2 타조 고기는 다져서 프라이팬에 노릇노릇하게 구운 다음 56.7g을 준비합니다.

3 브로콜리는 19.5g, 당근은 15.2g을 준비하고 각각 잘게 잘라둡니다.

4-1 준비한 밥, 타조 고기, 브로콜리, 당근을 냄비에 넣고 재료들이 잠기도록 물을 부은 뒤 가볍게 끓여 채소죽을 만듭니다. 그릇에 옮겨 담은 뒤에 옥수수유 $\frac{7}{8}$tsp을 넣고, 밸런스 IT 케나인 또는 밸런스 IT 케나인 플러스를 필요량만큼 넣고 섞은 후 급여합니다. 미리 만들어 보관하다가 급여하는 경우 밸런스 IT 케나인을 사용한다면, 데운 음식을 반려견에게 주기 직전에 넣고 섞어서 줍니다.

4-2 채소죽이 아니라 주먹밥 형태로 주고 싶다면 밥, 타조 고기, 데친 브로콜리와 생당근을 넓은 접시에 담습니다. 옥수수유 $\frac{7}{8}$tsp과 밸런스 IT 케나인 또는 밸런스 IT 케나인 플러스 중에 원하는 것을 넣습니다. 잘 섞은 후 먹기 좋은 크기로 뭉쳐서 급여합니다.

4-3 볶음밥으로 주고 싶다면 밥, 타조 고기, 데친 브로콜리와 생당근을 프라이팬에 옮겨 담은 뒤 옥수수유 $\frac{7}{8}$tsp을 넣어 가볍게 볶습니다. 그런 다음 밸런스 IT 케나인 또는 밸런스 IT 케나인 플러스 중에 원하는 것을 넣고 충분히 섞은 후 급여합니다.

메기 퀴노아

열량

336kcal
4kg 중성화 성견 기준, 1일 분량

재료

퀴노아 208.1g

메기 46.1g

카놀라유 $\frac{1}{2}$tsp

영양제 옵션
① **밸런스 IT 케나인** 5.94g(2$\frac{3}{8}$tsp)
② **밸런스 IT 케나인 플러스** 1$\frac{3}{4}$tsp

※ 이전에 먹었던 음식을 분석했을 때 메기나 메기가 포함된 사료 혹은 음식을 준 적이 없다면 이 식단으로 식이 제한 테스트를 할 수 있습니다. 동물병원에서 진료를 받고 충분한 상담을 한 뒤, 수의사의 지도에 따라 진행하세요.

만드는 법

1 퀴노아는 유명한 슈퍼푸드 중 하나이며, 글루텐이 들어가지 않아서 글루텐에 알레르기 반응이 있는 반려견에게 좋은 탄수화물 공급원이 될 수 있습니다. 퀴노아 알갱이는 매우 작기 때문에 촘촘한 체에 밭쳐서 흐르는 물에 씻습니다. 냄비에 퀴노아의 2~3배 정도 되는 물을 끓이고, 퀴노아를 넣어 냄비 뚜껑을 열어둔 채로 중불에서 10~15분 정도 삶습니다. 다시 체반에 밭쳐서 찬물로 헹굽니다. 삶은 퀴노아 208.1g을 준비합니다.

2 메기는 190℃로 예열한 오븐에 10~12분 정도 익힙니다. 익은 메기는 연해서 잘 부서지므로 포일을 깔아주면 편합니다. 잘 익은 메기는 무게를 재서 46.1g을 준비합니다.

3 퀴노아와 메기, 카놀라유 $\frac{1}{2}$tsp을 그릇에 담고 잘 섞습니다.

4 마지막으로 밸런스 IT 케나인 혹은 밸런스 IT 케나인 플러스를 필요량만큼 넣고 섞은 후 급여합니다. 미리 만들어 보관하다가 급여하는 경우 밸런스 IT 케나인을 사용한다면, 음식을 데운 다음 반려견에게 주기 직전에 섞어서 줍니다.

07

암: 상태에 맞는 영양 설계하기

암은 심각한 질환으로 영양 관리가 필요합니다. 암에 걸렸을 때는 주로 고지방·저탄수화물·고단백질 식사를 주는 것이 좋지만 일관되게 적용할 수 있는 영양 관리 방법은 없습니다. 반려견의 몸 상태, 암의 종류, 심한 정도 등에 따라서 최적의 영양 관리 방법이 달라집니다. 반려견의 상태에 대한 객관적인 평가를 바탕으로 전문적인 영양 상담을 통해 식단을 신중하게 계획하고 준비해야 합니다.

반려견이 암에 걸렸다면 체중을 어떻게 관리해야 할까?

암에 걸리면 급격한 체중 감소가 발생하기도 합니다. 종양의 종류나 다른 질환의 유무와 상관없이, 심한 체중 감소는 적신호입니다. 이를 알게 된 즉시 동물병원에 가서 진료를 받아야 합니다. 암에 걸린 반려견의 체중이 감소하기 시작하면, 삶의 질이 떨어지고 기대 수명도 짧아지는 경향이 있습니다. 또한 반려견이 항암제를 견디기 힘들어하기도 합니다.

체중이 줄어드는 것을 방지하기 위해서 영양을 충분히 공급해주는 것이 좋지만, 반면 너무 많이 먹여도 신진대사 문제로 합병증이 발생할 수 있으므로 적정량을 주는 것이 중요합니다. 일반적으로는 휴식 에너지 요구량에 1~1.4를 곱한 열량을 챙겨주면 되지만, 반려견의 건강 상태에 대해서 진료를 받고 수의사와 상담을 통해 결정해야 합니다. 반려견이 식욕이 없어서 필요한 양만큼 자발적으로 먹지 않는다면 동물병원에서 치료를 받아야 합니다.

반면 암에 걸린 반려견이 과체중이나 비만인 경우, 건강에 좋지 않은 영향을 주므로 살을 빼야 할 수도 있습니다. 하지만 일반적으로 하는 다이어트 방식을 암에 걸린 반려견에게 적용하기는 어렵습니다. 공격적인 다이어트는 금물이며, 반려견의 상태에 따라 무리가 가지 않는 수준에서 천천히 진행해야 합니다. 반려견의 건강 상태가 매우 나쁘거나 기대 수명이 얼마 남지 않았다면 굳이 다이어트를 하지 않습니다.

또한 생식은 피하는 것이 좋습니다. 암에 걸리면 면역력이 떨어지므로 감염의 위험성이 더욱 커질 수 있습니다. 생식은 영양소의 파괴가 적다는 점에서는 좋지만, 익힌 음식보다 감염의 위험성이 큽니다. 반려견이 암에 걸렸다면 음식을 반드시 익혀서 주도록 합니다.

암에 걸린 반려견의 영양 관리는 어떻게 해야 할까?

반려견이 암에 걸렸다면 대부분 나이가 많아 다른 질환도 앓고 있을 가능성이 큽니다. 몸 상태, 종양의 종류와 심각성 등의 요인에 따라 반려견의 상태에 맞는 영양 설계가 필요합니다. 일반적으로 암에 걸린 개에게는 고지방·저탄수화물·고단백질 식사를 주는 것이 좋습니다.

❶ 지방

종양 세포와 정상 세포 사이의 차이점에 착안하여 종양이 있는 반려견에게는 고지방·저탄수화물 식사를 줍니다. 종양 세포는 지방을 잘 활용할 줄 모르는 경향이 있기 때문에, 고지방 식사를 주면 정상 세포에 에너지를 우선적으로 공급할 수 있습니다. 지방 함량이 높으면 에너지도 높고 풍미도 좋아져서 식욕이 떨어졌거나 체중이 감소하는 반려견에게 도움이 됩니다.

하지만 지방이 많은 음식을 먹었을 때 탈이 난 적이 있는 반려견이라면, 지방 함량을 높였을 때 부작용이 나타날 수도 있습니다. 이런 경우에는 수의사와 상담을 통해 영양 설계를 해야 합니다.

❷ 탄수화물

반려견에게 다른 질병이 있어서 고지방 또는 고단백질 식이를 할 수 없는 경우, 칼로리 공급을 위해 탄수화물 함량을 늘리기도 합니다.

❸ 단백질과 아미노산

암에 걸린 반려견에게는 단백질을 충분히 줘야 합니다. 단백질이 부족하면 근육이 줄어들기 때문입니다. 또한 질병이 심각해지면 필수 아미노산의 필요량이 증가하는 경향이 있으므로, 충분한 단백질을 공급해서 필수 아미노산의 요구량을 맞춰주어야 합니다.

그렇다고 무조건 단백질을 많이 주는 게 좋은 것은 아닙니다. 단백질을 많이 주면 단백질이 대사될 때 질소성 노폐물이 많이 생기고, 단백질도 과하면 몸에 지방으로 저장되기 때문입니다.

글루타민과 아르지닌

• 글루타민: 필수 아미노산은 아니지만 아플 때는 꼭 필요한 중요 아미노산입니다. 면역계에 도움이 되고 장 세포나 림프구에서 주요한 에너지원으로 사용됩니다. 또한 단백질 대사와 관련이 있어서 근육의 손실을 막아줍니다. 증세가 위중하거나 항암 치료 중인 반려견에게 글루타민 보충이 도움이 될 수 있습니다.

• 아르지닌: 아르지닌은 필수 아미노산으로 면역과 관련이 있으며, 콜라겐 합성에 관여하며 상처의 치유를 도와줍니다. 사람을 대상으로 한 연구에서 아르지닌 보충제를 섭취한 경우 수술 이후에 상처 부위의 감염 발생률이 감소하고 입원 기간이 짧아졌다는 결과가 있습니다. 반려견의 상태가 위중하다면 아르지닌을 보충해주는 것도 좋습니다.

❹ 오메가-3 지방산

암에 걸렸다면 음식에 오메가-3 지방산을 풍부하게 챙겨주면 도움이 됩니다. 암 때문에 살이 빠지는 것을 완화할 수 있고, 몸 상태를 안정화하는 데 도움이 됩니다. 다만 너무 많이 먹이면 부작용이 나타날 수도 있으므로 보조제의 권장량을 준수하도록 합니다.

❺ 항산화제

항산화제는 암을 예방하는 효과가 있습니다. 항산화제는 DNA의 손상을 줄이고 세포에 생기는 산화적 손상을 예방합니다. 널리 사용되는 항산화제로는 베타카로틴, 루테인, 셀레늄, 비타민 A, 비타민 C, 비타민 E 등이 있습니다. 암 예방을 위해 반려견에게 어떤 항산화제를 얼마나, 언제부터 주어야 좋은지는 정해져 있지 않지만, 7~8세 이전부터 줬을 때 효과가 나타나는 것으로 보고 있습니다. 이견이 있긴 하나, 항암 치료 중에는 항산화 보조제를 주지 않는 편이 좋습니다.

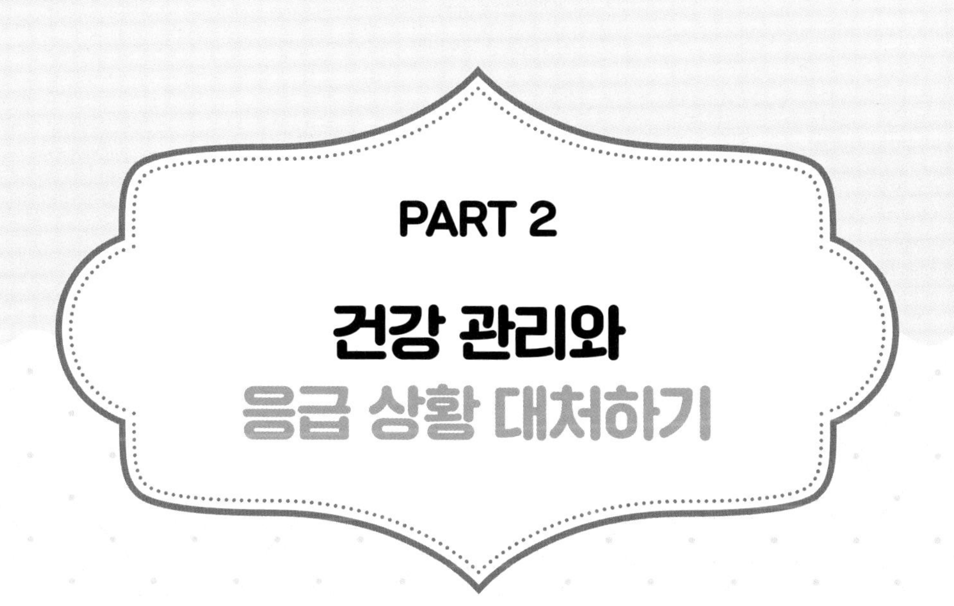

PART 2

건강 관리와 응급 상황 대처하기

기초 건강 관리

01

건강검진, 선택이 아닌 필수

반려견들은 아프다고 말하지 못하고, 아파도 티를 잘 내지 않습니다. 심지어 종양이 몸에 가득 차 있는데도 멀쩡하게 활동하고, 죽음의 문턱에 이르기 직전까지도 함께 사는 가족에게 꼬리를 힘차게 흔들어 보이곤 합니다. 반려견이 오랜 기간 통증을 인내하면서 행복한 얼굴로 가족들을 반겨줬다는 슬픈 사실을 마주하면, '왜 진작 알아채지 못했을까' 하는 자책감과 후회에 빠질 수 있습니다.

소중한 것들은 가끔 너무나 당연하다고 여겨져 그 소중함을 쉽게 잊어버리게 됩니다. 반려견에게 아무것도 해주지 못하고 떠나보낸 뒤의 상실감은, 최선을 다했을 때와 그 슬픔의 깊이가 다릅니다. 주기적으로 건강검진을 한다면 소중한 반려견이 아직 우리 곁에 머물러 있을 때 최선을 다해서 지킬 수 있습니다.

 건강검진을 꼭 해야 하는 이유

건강검신은 건강한 상태일 때, 혹시 아픈 곳은 없는지 사전에 확인하기 위해 검사를 하는 것입니다. 반려견을 키운다면 건강검진은 꼭 주기적으로 하는 것이 좋습니다.

반려견은 가족과 아무리 오랜 시간을 함께 보내도 아프다고 말하는 법을 모릅니다. 대부분의 경우, 보호자는 반려견의 행동에서 이상을 발견하고 난 다음에야 아프다는 사실을 눈치채게 됩니다. 동물의 세계에서는 아프거나 허약하면 도태되는 것이 당연하게 여겨집니다. 그런 습성이 있기 때문에 개들은 아픈 티를 잘 내지 않는 편입니다. 그렇기에 눈치챌 정도의 이상 변화가 있다면 이미 질병이 상당히 진행된 상태일 때가 많습니다. '건강해 보이는' 상태가 실제론 '심하게 아픈 상태'일 수도 있기에 건강검진은 선택이 아닌 필수입니다.

질병을 치료하지 않고 내버려 두면 점차 진행되어 심각한 문제가 될 수 있습니다. 건강검진을 하면 눈에 띄는 증상이 나타나기 이전에 질병을 진단하고 치료를 시작할 수 있습니다. 고통받는 기간을 줄일 수 있을 뿐만 아니라 치료의 기대 효과도 좋기에 완치율과 생존율이 높아집니다. 만약 건강검진 결과 이미 질병이 심하게 진행됐다고 하더라도, 이별을 위한 마음의 준비를 하고 반려견의 통증을 줄여줄 조치를 취할 수 있습니다.

물론 건강검진 결과 반려견이 건강하다면 더할 나위 없이 좋겠지요. 건강하다는 결과가 나오면 안심은 하되 방심하지 말고, 주기적으로 꾸준히 검진을 해주어야 합니다. 건강하다는 검사 결과들은 의미 없는 숫자가 아니라 건강 상태와 관련된 중요한 기초 자료입니다. 기초 자료를 가지고 있으면, 나중에 아플 때 상태를 파악하는 데 도움이 됩니다.

건강검진은 언제부터 해야 할까?

신체가 나이를 먹는 속도는 생물학적인 특성이나 생활 습관에 따라 달라집니다. 특히 반려견은 노화 속도가 몸의 크기와 밀접한 상관관계를 가지고 있습니다. 일반적으로 체구가 큰 대형견은 생명 시계가 소형견보다 빨리 돌아갑니다. 그러므로 대형견을 키운다면 더 어린 나이부터 건강에 신경을 써주어야 합니다.

반려견의 연령을 사람 나이로 환산한 표를 참고하면 나이를 실감하는 데 도움이 됩니다. 많은 인터넷 사이트에서도 반려견의 나이를 계산할 수 있는 페이지를 제공하고 있습니다. 미국동물병원협회의 지침에 따르면 7~8세 시기가 반려견의 중년기에 해당합니다. 이 시기부터는 건강검진을 해주는 것이 좋습니다.

사람 나이로 환산한 반려견의 나이

(단위: 세)

반려견 나이 \ 사이즈	소형견	중형견	대형견
1	15	15	15
2	24	24	24
3	28	28	28
4	32	32	32
5	36	36	36
6	40	42	45
7	44	47	50
8	48	51	55
9	52	56	61
10	56	60	66
11	60	65	72
12	64	69	77
13	68	74	82
14	72	78	88
15	76	83	93
16	80	89	120

수의학이 발달하고 반려견의 건강에 대한 관심과 보호자들의 의식 수준이 향상되면서 반려견의 기대 수명이 과거보다 늘어나는 추세입니다. 일본에서 2018년에 수행된 연구를 참고하면, 국내 주요 품종의 기대 수명을 대략 예상할 수 있습니다. 기대 수명의 후반부 25%가 노년기에 속하는데, 특히 이 시기에는 건강검진을 주기적으로 꼭 해야 합니다. 예를 들어 몰티즈의 경우 11세(정확히는 10.9세) 정도부터 노년기에 해당한다고 볼 수 있습니다.

품종별 기대 수명

(단위: 세)

품종	수명 (중앙값)	수명 (최댓값)	예상 노년기 (중앙값 기준 후반 25% 계산값)
래브라도레트리버	14.0	19.2	10.5
골든레트리버	12.9	18.0	9.7
시바	15.7	25.2	11.8
웰시코기	13.3	18.8	10.0
비글	14.5	20.0	10.9
프렌치 불도그	10.2	15.9	7.7
코카스패니얼	12.8	17.7	9.6
닥스훈트	13.9	21.6	10.4
치와와	11.8	21.7	8.9
시추	14.8	20.9	11.1
요크셔테리어	14.5	20.3	10.9
푸들	13.5	22.4	10.1
몰티즈	14.5	22.8	10.9

포메라니안	14.3	20.7	10.7
파피용	14.4	23.0	10.8
슈나우저	13.2	18.3	9.9
퍼그	12.6	19.0	9.5
믹스	14.5	21.2	10.9

건강검진은 얼마나 자주 해야 할까?

건강검진은 적어도 6개월 간격으로 하는 것이 좋습니다. 사람을 기준으로 생각하면 6개월 간격이 짧다고 느껴지겠지만 반려견 입장에서 보면 그렇지 않습니다. 반려견에게 1년이라는 시간은 짧게는 약 4년에서 길게는 8년에 해당하는 긴 시간입니다. 즉 6개월 간격이면 2~4년 간격으로 검진을 받는 셈입니다.

또한 6개월이라는 시간은 짧다면 짧겠지만, 악성 암이 발생하고 급속도로 퍼져나가기에 충분한 시간이기도 합니다. 건강한 상태일 때는 적어도 6개월 간격으로 검사를 해주는 것이 좋고, 노령기에 접어든 반려견이 어딘가 아파 보인다면 주기적인 검진을 했더라도 즉시 동물병원에 가야 합니다.

건강검진에는 어떤 검사가 있을까?

미국동물병원협회의 노령견 케어 지침을 기준으로, 건강한 노령견이라면 다음의 검사는 기본적으로 하는 것이 좋습니다.

- 혈액 검사
  - 전 혈구 검사(백혈구, 적혈구, 혈소판 등)
  - 혈청 화학 검사(BUN, 크레아티닌, ALT, ALP, 혈당, 칼슘, 총단백질, 알부민, 빌리루빈 등)
- 분변 검사
- 요 검사(비중, 딥스틱, 요침사 검사, 항생제 감수성 검사)

전 혈구 검사의 백혈구 항목에서는 염증 여부, 적혈구 항목에서는 빈혈 여부, 혈소판 항목에서는 지혈 장애 여부를 주로 평가할 수 있습니다.

이어 혈청 화학 검사 중 BUN과 크레아티닌은 신장의 기능이 떨어졌을 때 올라갈 수 있는 수치입니다. ALT, ALP는 간과 관련된 수치로 간에 손상이 있을 때 주로 올라갑니다. 빌리루빈은 심한 빈혈이 있거나 간의 기능이 떨어졌을 때 올라갈 수 있는 수치입니다.

분변 검사를 통해서는 대변에 있는 감염체들을 살펴볼 수 있습니다. 요 검사의 비중은 소변이 얼마나 농축됐는지 평가하는 검사입니다. 딥스틱 검사는 학교에서 다양한 색깔의 패드가 붙어 있는 막대기에 소변을 묻혀서 하던 검사를 떠올리면 됩니다. 질병 상태에서 소변에 배출되는 물질들이 검출되는지 확인하는 데 유용한 검사입니다. 소변에 당, 단백질, 케톤, 혈액, 빌리루빈 등이 검출되는지 확인할 수 있습니다. 요 검사 중 요침사 검사는 요에 포함된 세포들과 감염체들을 모아서 현미경으로 확인하는 검사입니다.

그 외에도 간과 관련된 수치를 보는 AST 및 GGT, 전해질 검사, 방사선 검사, 초음파 검사 등이 유용하게 활용되기 때문에 기본적으로 검사하는 경우가 많습니다. 사람의 건강검진 항목도 병원마다 조금씩 다르듯이, 동물병원에서도 건강검진 포함 범위 등에 따라 검사 항목이 다를 수 있습니다.

수의사가 평가했을 때 필요하다면 건강검진 시 다음의 항목들도 검사에 포함될 수 있습니다. 제시된 항목 이외에 널리 활용되는 유용한 검사들도 많으니 참고용으로만 알아두기 바랍니다. 검사 항목들은 일률적으로 적용하기 어려우며 반려견의 상태에 따라 필요한 검사가 달라질 수 있습니다.

- 혈액 검사
  - 혈청 화학 검사(콜레스테롤, 트라이글리세라이드)
  - 전해질 검사
- 요 검사(미세알부민뇨, UPC 비율)
- 심장사상충 검사
- 안 검사(눈물양, 안압 검사)
- 영상 검사(방사선 검사, 초음파 검사, 심초음파 검사)
- 혈압 측정
- 심전도 검사

전해질은 몸의 생리 기능을 유지하는 데 중요한 역할을 하므로 기본적으로 검사받는 경우가 많습니다. 트라이글리세라이드는 중성지방으로, 콜레스테롤과 함께 혈액 중의 지방 성분을 확인하는 검사입니다.

검사 결과를 제대로 해석하기 위해서는 전문적인 교육과 충분한 경험이 뒷받침되어야 합니다. 검사 항목과 질병이 일대일로 짝 지어지는 것이 아니고, 다양한 질병과 건강 상태가 여러 검사 항목의 결과에 영향을 줍니다. 따라서 충분한 경험 없이 보호자가 섣불리 검사 결과를 해석하면 잘못된 결론에 이를 수 있으므로 주의가 필요합니다.

반려견이 아프다면 건강검진이 아니고 종합검진을 해야 하며, 이때 수의사는 전문적 판단에 따라 필요한 검사를 진행하게 됩니다.

02
바이탈 사인으로 보는 심폐 건강

바이탈 사인vital sign은 살아 있음을 보여주는 각종 신호입니다. 생명 유지 상태를 반영하는 중요한 지표들로, 활력 징후 또는 생명 징후라고도 부릅니다. 일반적으로 바이탈 사인은 호흡수, 심장 박동 수, 체온, 혈압을 의미합니다. 혈압계는 가정에서 구비하기가 쉽지 않지만 호흡수, 심장 박동 수, 체온은 가정에서도 비교적 쉽게 측정할 수 있습니다.

호흡수 측정하기

먼저 호흡수를 측정해봅니다. 반려견이 쉬고 있을 때 유심히 보면 숨을 쉴 때 가슴과 배 부위가 움직이는 것을 확인할 수 있을 것입니다. 1분 동안 움직인 횟수가 바로 호흡수입니다. 반려견의 정상 호흡수는 1분에 15~30회입니다. 호흡에 문제가 생기면 효율이 떨어지기 때문에 보상 작용으로 호흡이 빨라져 호흡수가 늘어납니다. 사람도 운동하고 나면 숨이 거칠어지듯이 반려견도 운동을 했거나 흥분한 상태에서는 숨이 빨라질 수 있습니다. 하지만 그런 상태가 아닌데 호흡이 빠르다면 바로 동물병원에 가야 합니다.

또한 호흡의 양상도 관찰해야 합니다. 우리가 평소 의식하지 않고 자연스럽게 숨을 쉬듯이, 반려견도 건강할 때는 편안하고 자연스럽게 숨을 쉽니다. 하지만 숨을 쉬기 위해서 노력을 한다면 위험한 상태일 수 있습니다. 숨을 가쁘게 쉬거나, 입을 벌리고 쉬거나, 엉거주춤하게 앉은 상태로 헉헉거린다면 되도록 빨리 동물병원에 가야 합니다. 숨을 쉬기 힘들 정도로 몸을 다쳤거나 아플 때, 몸의 수소 이온 농도pH가 높을 때도 호흡이 느려질 수 있습니다. 호흡이 느린데 숨을 쉬기 힘들어 보일 때도 바로 동물병원에 데려가야 합니다. 반려견이 평온한 상태인데 호흡이 조금은 느리다면 다시 측정해보도록 합니다.

심장 박동 수 측정하기

흔히 맥박으로도 부르는 심장 박동 수는 청진기를 이용하면 더 좋겠지만, 주의를 기울이면 손가락으로도 측정할 수 있습니다. 반려견의 왼쪽 겨드랑이 뒤쪽에서 손을 넣어 몸통에 댑니다. 심장 박동이 느껴지는 부위에 손가락을 대고 1분 동안 심장 박동 수를 측정합니다. 또는 뒷다리 허벅지 안쪽 중앙에 손가락을 대면 맥박이 느껴지는 부위가 있습니다. 마찬가지로 1분 동안 측정해봅니다.

편안한 상태에서 개의 정상 심장 박동 수는 평균 80~120회 정도입니다. 소형견은 심장 박동 수가 조금 더 많으므로 200회 정도까지도 정상 범위로 볼 수 있습니다. 중형견의 정상 범위는 70~160회 정도이고, 대형견의 정상 범위는 60~140

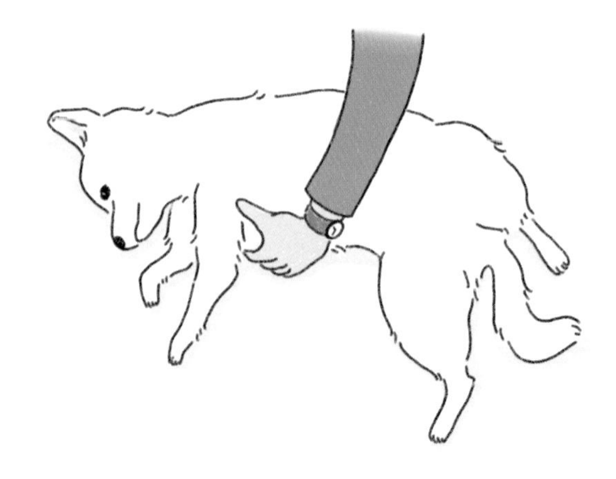

회 정도로 체구가 클수록 심장 박동 수가 줄어드는 경향이 있습니다.

사람도 긴장하거나 흥분하면 심장의 박동이 빨라지듯이 반려견도 흥분하면 심장 박동 수가 조금 증가할 수 있습니다. 마찬가지로 운동을 했을 때도 심장 박동이 빨라질 수 있습니다. 심장 박동이 빠르다면 안정을 찾은 다음에 다시 한번 측정해보는 것이 좋습니다. 하지만 편안한 상태에서도 심장 박동 수가 증가했다면, 심폐 기능 등 건강상의 문제가 발생했을 가능성이 크므로 진료를 받아야 합니다. 심장 박동 수가 느린 경우에도 심장에 문제가 있을 가능성이 있으므로, 반복해서 측정했을 때도 심장 박동 수가 느리다면 동물병원에 가서 진료를 받도록 합니다.

 체온 측정하기

체온을 측정하기 위해 반려동물용 체온계를 구비합니다. 동물용 직장 체온계를 주로 사용합니다. 체온계 끝부분에 바셀린을 조금 발라서 항문으로 체온계를 넣습니다. 이때 반려견이 싫어해서 움직이다 보면 다칠 수도 있으니 가급적 동물병원에서 수의사가 체온을 측정하는 것이 가장 좋습니다. 집에서 체온을 잴 때는 반

려견의 몸을 잘 잡아줍니다. 체온계에서 측정이 완료됐다는 알림음이 나올 때까지 1~2분 정도 기다립니다. 완료되면 체온을 확인합니다.

체온은 되도록 호흡수와 심장 박동 수를 측정하고 나서 가장 마지막에 측정합니다. 직장 체온계를 사용하기 때문에 체온을 측정하면 반려견이 놀라서 호흡수나 심장 박동 수가 평소보다 높아질 수 있기 때문입니다.

정상 체온은 38~39.2℃ 정도입니다. 37℃ 이하이면 저체온, 41℃ 이상이면 고체온으로 볼 수 있습니다. 체온 유지는 굉장히 중요한 부분으로, 저체온과 고체온 둘 다 위험한 상태이므로 즉시 동물병원으로 가야 합니다. 저체온이면 담요로 몸을 감싸고 핫팩이 있다면 핫팩을 담요 위에 대어준 상태로 동물병원에 가도록 합니다. 고체온이면 스프레이 등을 이용해 반려견의 몸에 물을 뿌려준 다음 부채질을 하면서 동물병원에 갑니다.

03

귀지 상태로 보는 귀 건강

사람이 아무 일 없어도 귀를 긁을 때가 있는 것처럼, 반려견도 그럴 때가 있습니다. 하지만 반복적으로 자주, 많이 귀를 긁는다면 귀에 문제가 있다는 신호일 수 있습니다. 반려견의 귀와 관련한 질환 중에서 가장 흔한 것은 외이도염으로, 특히 코카스패니얼처럼 귀가 길게 늘어진 반려견을 키운다면 더욱 주의해서 관리해야 합니다.

외이도염의 증상

귀에서 고소한 냄새가 나요.
귀에서 쉰내가 나요.
귀에서 악취가 나요.
귀가 빨개요.
갈색 귀지가 많아요.
누런 귀지가 많아요.
검정 귀지가 많아요.
귀를 바닥에 밀면서 걸어 다녀요.
귀에 긁은 상처가 있어요.
귀를 많이 긁어요.

반려견이 위의 증상들을 보인다면 외이도염에 걸렸을 가능성이 크므로, 동물병원에 가서 진료를 받아야 합니다. 외이도염은 낫기 힘들고 재발하는 경우도 많으므로 꾸준한 관리가 필요합니다.

한편, 다른 피부병의 영향으로 귀를 긁을 수도 있습니다. 아토피 질환이 있는 반려견이라면 외이도염도 함께 겪는 경우가 많습니다. 다른 부위도 많이 긁지는 않는지, 빨개지거나 털이 빠지거나 비듬이 생기지는 않았는지 살펴봐야 합니다. 다른 부위에도 문제가 있다면 언제부터 어느 부위에 문제가 있었는지 기억해두었다가 수의사에게 이야기하세요. 피부에 질환이 있을 경우 사진을 찍어 기록해두면 경과를 살펴보는 데 도움이 됩니다.

귀지의 색 확인하기

귀지가 있다면 색을 잘 살펴보세요. 말라세치아Malassezia라는 효모균 때문에 외이도염이 발생했다면, 주로 갈색의 귀지를 보입니다. 진드기 때문에 외이도염이 생겼다면 진한 갈색에서 검은색의 귀지를 보이고, 세균 때문에 외이도염이 발생했다면 누런 귀지를 보일 수 있습니다. 하지만 색의 평가는 주관적이며 충분한 경험이 없을 때는 정확도도 상당히 떨어지기 때문에, 참고용으로만 기억해두는 것이 좋습니다.

동물병원에서는 귀지의 색과 형태를 관찰하고, 귀지를 이용해서 검사 표본을 만들어 외이도염의 원인을 찾아냅니다. 외이도염 때문에 처음으로 동물병원에 갈 때는 귀 청소를 하지 않고 평소 상태 그대로 가서 진료를 받는 것이 원인을 찾는 데 도움이 됩니다.

귀는 어떻게 닦아주어야 할까?

잘못된 귀 청소 방법은 외이도염을 발생시키는 주요 원인입니다. 구석구석 닦아주고 싶다는 마음에 면봉을 사용하기도 하는데, 좋지 않은 방법입니다. 특히 나무 면봉을 사용하면 반려견이 움직일 때 힘이 많이 가해져서 귀에 상처가 생기기 쉽습니다. 면봉을 꼭 사용해야 한다면 반려동물용 면봉이나 플라스틱 소재의 아기용 면봉을 사용해야 합니다.

귀 청소를 할 때는 화장솜을 이용하는 것이 좋습니다. 화장솜에 세정액을 묻힌 뒤 잘 말아서 귀에 밀어 넣습니다. 이때 무리해서 귓속 끝까지 밀어 넣으려 하지 말고, 화장솜이 수월하게 들어가는 데까지만 넣어주면 됩니다. 그리고 다른 손으로 바깥쪽에서 문지르듯 마사지를 해줍니다.

이미 외이도염에 걸린 경우라면, 진료 후 반려견의 상태에 맞는 귀 청소액과 방법에 대한 설명을 듣고 귀 청소를 해주면 됩니다. 외이도염을 치료할 때는 정해진 방법에 따라 가정에서 잘 관리해주는 것이 굉장히 중요합니다.

코카스패니얼의 귀 질환

코카스패니얼은 특유의 외형으로 귀엽고 사랑스러운 반려견이지만 귀 질환과 관련해서만큼은 악명이 높은 품종입니다. 축 늘어진 큰 귀 때문에 외이도염에 걸리면 잘 낫지 않고, 결국 귀 수술까지 하는 경우도 많습니다. 그러므로 반려견이 코카스패니얼이라면 귀 관리를 위해 더욱더 노력해야 합니다. 귀 청소를 꾸준히 해야 하고, 귀를 심하게 긁거나 흔들지 않도록 신경 써줘야 합니다.

04

구토물 상태로 보는 소화기계 건강

개는 사람에 비해서 구토를 더 잘 하는 편입니다. 그렇다고 얼마든지 구토를 해도 괜찮은 것은 아닙니다. 심하게 토하거나, 몇 차례 계속해서 토한다면 동물병원에 가야 합니다. 구토의 양상과 빈도를 파악해두거나 사진을 찍어 가면 도움이 될 수 있습니다.

좀 더 지켜봐도 되는 경우

구토를 한두 번 하긴 했지만, 기운도 좋고 밥도 잘 먹는다면 일시적인 구토일 수 있습니다. 다음과 같은 상황에서는 사료의 양이나 급여 빈도를 조절해보면서 좀 더 지켜봐도 괜찮습니다. 그런데도 구토가 지속되거나 반려견의 상태가 나빠 보인다면, 동물병원에 가서 진료를 받아야 합니다.

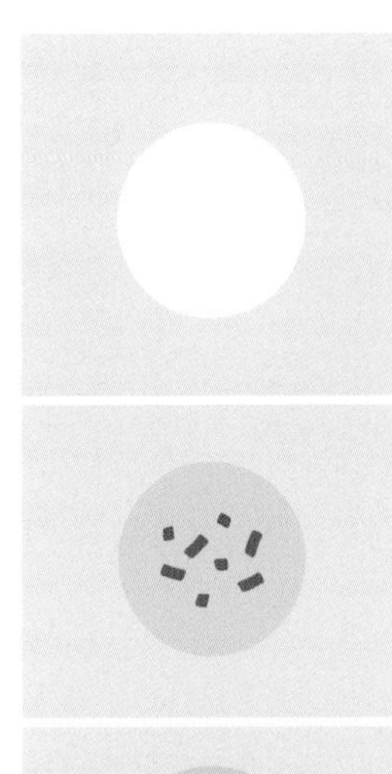

① 투명한 구토

물이나 위액이 역류됐을 때, 장시간 먹지 못하고 물만 마셨거나 이전에 먹은 것이 소화기계를 자극했을 때 투명한 구토를 할 수 있습니다. 간혹 물을 너무 많이 마시고 바로 운동을 하거나, 스트레스 상태 또는 흥분 상태에서도 이러한 구토를 할 수 있습니다. 반복된다면 동물병원에서 진료를 받아야 합니다.

② 사료가 섞인 구토

사료를 급히 먹거나 한 번에 많이 먹어서 토한 것일 수 있습니다. 이럴 때는 사료를 소량씩 나눠서 주도록 합니다. 천천히 먹었을 때도 지속적으로 사료를 토해낸다면, 식도 관련 질환이 있을 수 있으니 동물병원에 가서 진료를 받아야 합니다.

③ 노란색의 구토

공복 상태가 너무 길어져서 위액이 역류하면 노란색의 구토를 합니다. 반려견에게 주는 사료 또는 음식의 양을 약간 늘리거나, 급여 시간 간격을 줄여야 합니다.

즉시 동물병원에 가야 하는 경우

구토의 빈도가 잦거나 구토를 며칠 동안 지속적으로 한다면 동물병원에 가야 합니다. 구체적인 횟수가 정확한 기준이 될 수는 없지만, 하루에 세 번 이상 혹은 연속해서 사흘 이상 토하는 경우, 또는 구토를 한두 번만 했더라도 기운이 없거나 식욕이 없어 보이는 경우에는 상태가 심각한 것일 수 있습니다. 다음과 같은 상황에서의 구토는 치료가 필요한 질병이나 사고로 인한 것이므로, 바로 동물병원에 가서 진료를 받아야 합니다.

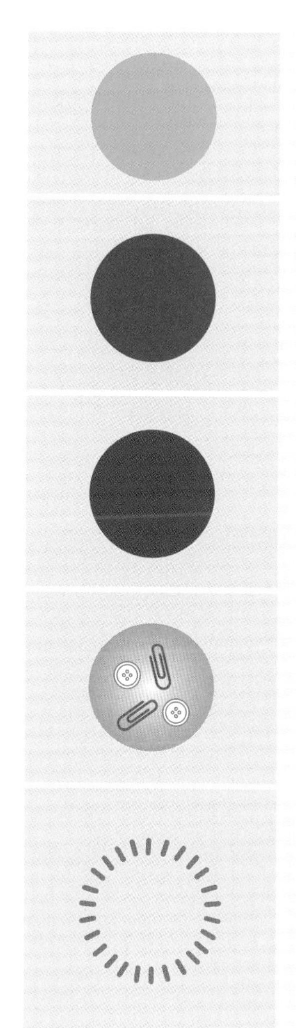

① 녹색의 구토

담즙이 섞이면 녹색을 띤 구토를 할 수 있습니다. 십이지장에서부터 역류한 구토로, 췌장염이 있을 때 녹색 구토를 하기도 합니다.

② 빨간색의 구토

구토에 혈액이 섞이면 빨간색으로 보이게 됩니다. 이를 혈토라고 하는데, 상부 소화기계인 입, 식도, 위장에 출혈이 생기면 혈토를 보일 수 있습니다.

③ 갈색, 검은색의 구토

하부 소화기계에 해당하는 소장과 대장에 출혈이 생긴 경우 드물게 갈색이나 검은색의 구토를 할 수 있습니다. 소장이나 대장에서 출혈된 혈액이 소화효소에 의해 소화되어 갈색을 띠게 되는 것입니다.

④ 이물질이 섞인 구토

반려견이 먹은 이물질의 일부 또는 전부가 구토물로 나올 수도 있습니다. 이물질이 남아 있다면 치명적인 결과로 이어질 수도 있기에, 동물병원에 가서 확인해야 합니다.

⑤ 구역질만 하고 아무것도 나오지 않음

구역질을 하는데 구토물이 나오지 않는다면 위확장염전일 가능성도 있습니다. 위확장염전은 위가 부풀어 오르다가 회전해버린 상태로, 주위가 꼬여서 위에 혈액 공급이 안 되는 응급 질환을 말합니다. 주로 대형견에서 발생하는데, 구역질을 하고 침을 흘리며 아파하고 불안해한다면 동물병원에 가서 응급 진료를 받아야 합니다.

구토를 하는데 밥을 먹여도 될까?

구토를 할 때는 무리해서 먹이지 않아도 됩니다. 구토하는 반려견에게 무리해서 먹이다가는 오히려 음식이 호흡기 쪽으로 잘못 들어가 폐렴을 일으킬 수도 있기 때문입니다. 여섯 시간 정도는 금식을 해도 좋고, 이후에 닭죽이나 쌀죽과 같이 소화되기 쉬운 음식을 소량 만들어서 주어도 좋습니다. 하지만 성견이 아닌 강아지는 공복이 길어지면 저혈당이 올 수도 있습니다. 어릴수록 시간을 지체하지 말고 응급 진료를 받는 것이 좋습니다.

05

대변의 상태로 보는 장 건강

대변은 소장과 대장을 지나 몸 밖으로 배설됩니다. 소장과 대장이 일한 일종의 결과물로, 대변을 살펴보면 소장과 대장의 상태를 가늠해볼 수 있습니다. 특히 설사와 변비는 반려견의 건강에 이상이 생겼다는 대표적인 증거입니다. 사료나 음식을 바꾸었을 때는 변의 상태를 주의 깊게 살펴보도록 합니다.

 대변의 모양으로 건강 확인하기

브리스틀 대변 평가표Bristol stool chart는 의학 분야에서 사람의 대변을 평가하기 위해 고안된 것으로 대변을 일곱 개 카테고리로 구분합니다. 이를 반려견에게도 적용할 수 있는데, 일반적으로 타입 3~5가 건강한 대변이며 그중 타입 4가 가장 이상적인 형태입니다. 타입 1에 가까울수록 심한 변비이고, 타입 7에 가까울수록 심한 설사입니다.

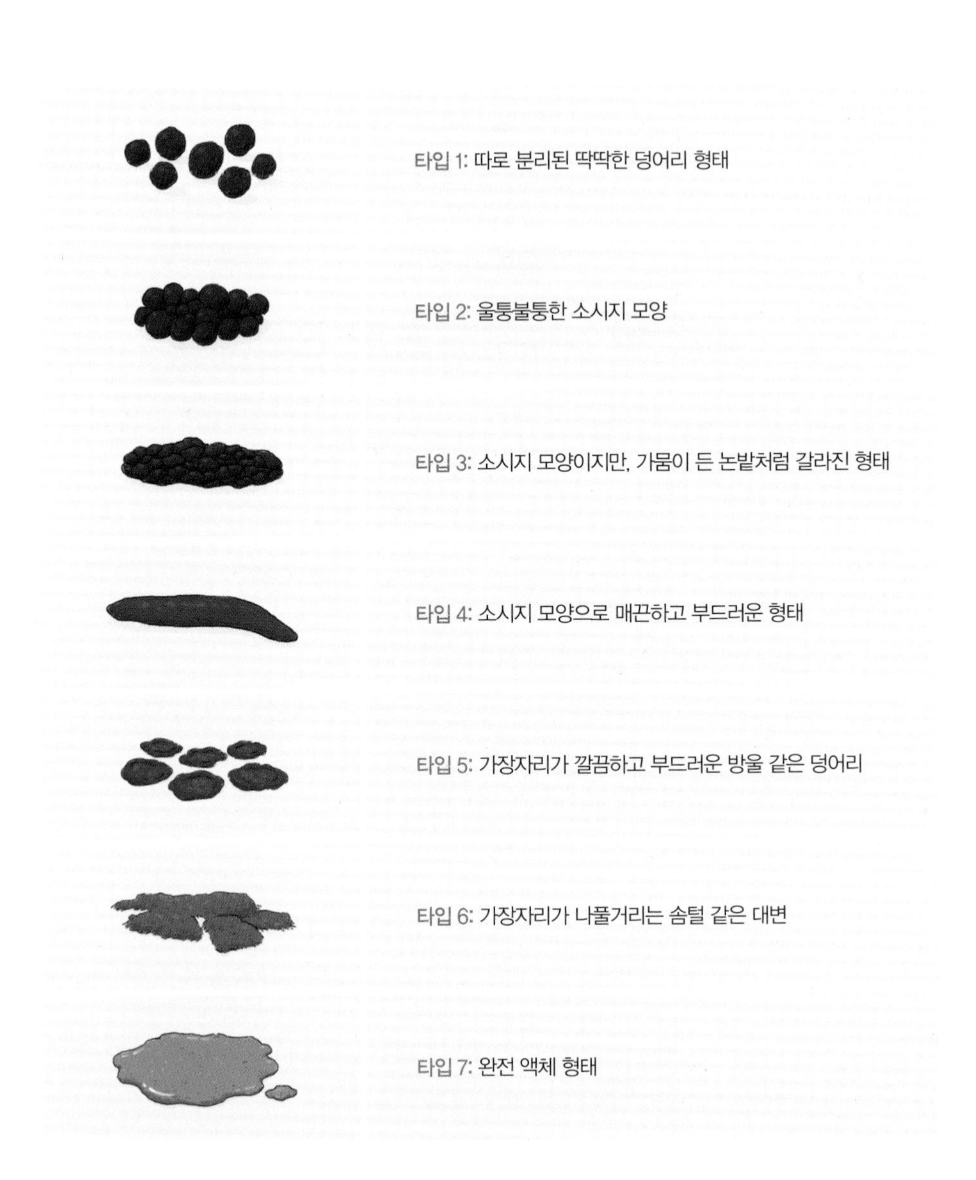

설사는 물기가 많은 변을 말합니다. 가벼운 설사는 저절로 해결되기도 하지만, 설사가 지속되면 여러 건강 문제로 이어지므로 하루 이상 지속된다면 동물병원에서 진료를 받도록 합니다. 또 설사에 혈액이 섞여 나오거나, 설사와 함께 구토나 복통을 보이면 즉시 동물병원에 가서 진료를 받도록 합니다.

변비에 걸리면 주로 마른 변을 보며, 대변을 누기 힘들어합니다. 소화가 안 되는 이물질을 먹었거나, 물 마시는 양이 부족할 때 또는 질병 때문에 배변 시 통증이 있을 때도 변비에 걸릴 수 있습니다. 변비는 응급 질환은 아니지만, 사흘 이상 지속되면 동물병원에 가서 진료를 받는 것이 좋습니다. 이물질을 먹은 것 같다면 되도록 빨리 동물병원에 가야 하고, 필요에 따라 이물질이 변과 함께 배설됐는지 확인해보아야 합니다.

그 밖에 대장에 염증이 있을 때 변에 끈적한 점액이 섞여 나오기도 하므로 점액 물질이 있는지도 살펴봅니다. 대장에 종양이 있거나 수컷의 경우 전립선 비대가 있을 때에는 대변이 납작하게 눌려서 나오기도 하므로, 대변의 굵기가 가늘어서 리본 모양으로 누지는 않았는지 살펴봅니다.

대변의 색으로 건강 확인하기

❶ 빨간색

피가 섞이면 변 일부에 빨간색이 묻어 나올 수 있습니다. 주로 대장 또는 항문에 출혈이 발생했을 때 빨간색의 혈액이 보일 수 있습니다. 장에 출혈이 아주 심할 때는 묻어 나오는 정도가 아니라 정말 피가 나오는 듯한 설사를 하는데, 이는 응급 상황이므로 되도록 빨리 동물병원에 가야 합니다.

❷ 짙은 갈색

변이 짙은 갈색이고 쇳가루 냄새나 철분 냄새가 난다면 소장 출혈 때문일 수 있습니다. 소장에서 출혈된 피가 소화 효소를 만나서 갈색으로 변하기 때문에 변이 짙은 갈색으로 보이는 것입니다.

❸ 노란색

간이나 담낭(쓸개)에 질병이 있다면 변이 노란색이나 주황색으로 보일 수 있습니다. 담즙은 간에서 만들어지고 담낭에 저장됐다가 소화기관으로 분비되는데, 이 담즙이 대변을 갈색으로 만들어줍니다. 그런데 간담도계에 심한 질환이 있어서 담즙의 분비가 원활하지 않다면 대변에 갈색이 입혀지지 못하고 배출되기 때문에 평소와 다른 색의 대변이 나올 수 있습니다. 또는 최근 갑자기 사료를 바꿨을 경우 점액이 섞인 누런 변을 볼 수도 있습니다.

❹ 그 외

이 밖에도 변에 하얀 점처럼 기생충이 보이는 등의 색 변화도 관찰될 수 있습니다. 변의 색이 익숙한 갈색이 아니라면 건강상 문제가 있다는 신호이므로 반드시 동물병원에 가서 진료를 받아야 합니다.

대변이 이상하다면 반려견의 식습관을 되짚어볼 것

특히 설사나 변비가 있다면 어떤 음식을 줬는지 반드시 되짚어보아야 합니다. 수의사는 이전에 어떤 음식을 먹었는지 알 수가 없으므로, 잘 정리해서 알려주는 것은 보호자의 몫이자 역할입니다.

사료를 바꿀 때는 1주일 정도 적응 기간을 주면서 천천히 바꿔줘야 합니다. 처음에는 바꿀 사료를 10% 정도, 기존의 사료를 90% 정도 섞어서 줍니다. 그 비율에 문제가 없다면 점차 새 사료의 비율을 늘려갑니다. 새 사료의 비율을 늘리던 중에 반려견이 또 설사를 한다면 기존 사료의 비율을 다시 늘립니다. 충분한 적응기를 주지 않고 사료를 바꾸거나, 바꾼 사료가 잘 맞지 않으면 설사나 변비를 보일 수 있습니다.

우유나 우유가 포함된 유제품을 줬을 때 갑자기 설사를 하기도 합니다. 개는 우유에 있는 젖당을 분해하는 효소를 갖고 있지 않기 때문입니다. 우유를 주지 말아야 하지만, 굳이 주고 싶다면 반려견용 우유 또는 락토프리 우유를 주어야 합니다.

반려견이 설사를 했을 때 소화가 잘되는 음식을 주면 도움이 됩니다. 닭죽을 만들어 조금씩 주면서 속을 편하게 해줍니다. 반려견의 설사가 멈췄다면 닭죽에 사료를 점차 섞어주면서 서서히 예전으로 돌아가게 합니다.

설사를 하든 변비를 보이든, 물은 충분히 주어야 합니다. 그리고 물은 잘 마시는지 식욕은 있는지 살펴봅니다. 만일 반려견이 사료를 잘 먹지 않거나 구토를 한다면 동물병원에 가야 합니다.

06

소변의 상태로 보는 비뇨기계 건강

지인이 결석에 걸려 응급실에 간 경험을 들려줬는데, 통증이 심해 견디기 힘들었다는 말을 들었습니다. 물론 상태가 다를 수 있고, 반려견이 사람과 같은 고통을 느끼지 않을 수도 있겠지요. 그렇지만 혈액이 섞인 소변을 계속 눈다면 결석이 비뇨기계를 긁으며 상처를 내고 있을 가능성이 크고, 최악의 경우 결석이 아니라 악성 종양일 수도 있습니다. 뾰족한 돌이 배 속을 긁고 있다면 얼마나 힘들까요. 반려견은 말을 못 하지만 남은 흔적이 고통을 대변하는 경우도 있습니다.

소변의 색으로 건강 확인하기

❶ 투명한 색

반려견이 건강하더라도 물을 많이 마시면 소변의 색이 연해질 수 있습니다. 하지만 신장에서 소변을 잘 농축하지 못하는 질병에 걸렸을 때도 투명한 색의 묽은 소변을 볼 수 있습니다.

❷ 불투명한 하얀색 또는 누런색

일반적으로 감염이나 염증 때문에 생긴 농이 하얀색 또는 누런색을 띱니다. 따라서 비뇨기계에 감염이나 염증이 발생하면 소변이 불투명한 하얀색이나 누런색으로 보일 수 있습니다. 반려견이 암컷이라면 소변이 아니라 생식기에서 분비물이 묻어 나오는 것은 아닌지 살펴보세요. 생식기 주위에 농이 묻어 있다면 응급 질환인 자궁축농증일 수 있으니 즉시 동물병원에 가야 합니다.

❸ 연한 노란색

이른바 '맥주 색'은 건강한 상태의 소변 색입니다.

❹ 진한 노란색

농축된 소변은 진한 노란색으로 보입니다. 건강한 반려견도 물을 조금밖에 못 먹으면 진한 노란색 소변을 봅니다. 또는 탈수 증세가 있을 때도 진한 노란색 소변을 볼 수 있습니다.

❺ 주황색, 빨간색, 갈색

비뇨기계에 출혈이 발생하면 소변이 주황색이나 빨간색으로 보일 수 있습니다. 혈액이 조금 섞이면 진한 노란색이나 주황색으로 보이고, 혈액이 많이 섞일수록 빨간색에 가까워집니다. 소변에 혈액 또는 파열된 혈액이 많이 섞이면 붉은빛의 갈색으로 보일 수 있습니다. 혈액이 섞인 소변을 본다면, 결석이나 염증, 종양이 의심되므로 반드시 동물병원에 가서 진료를 받아야 합니다.

❻ 황갈색

간에 손상을 입었을 때 소변이 주황색 또는 황갈색일 수 있습니다. 황갈색으로 보일 정도면 이미 심한 상태일 가능성이 크므로 진료를 받도록 합니다.

 소변의 냄새로 건강 확인하기

소변에서는 원래 지린내가 나지만 평소와 달리 단내, 과일 냄새, 악취 등이 난다면 동물병원에서 진료를 받는 것이 좋습니다.

❶ 단내

당뇨병에 걸려서 소변에 당이 많을 때 단내가 날 수 있습니다.

❷ 과일 냄새 또는 아세톤 냄새

당뇨병이나 기아 상태가 심해서 체내에서 사용할 수 있는 탄수화물이 부족하면, 탄수화물 대신 지방을 에너지원으로 사용하게 됩니다. 이때 지방 대사 산물인 케톤체가 많아지는 케톤증이 발생하여 소변에서 과일 냄새나 아세톤 냄새가 날 수 있습니다.

❸ 썩은 냄새, 악취

세균에 감염되어서 방광염에 걸렸을 때 악취가 날 수 있습니다. 실제로 소변의 악취가 심해서 동물병원에 갔다가 세균성 방광염으로 진단받는 경우도 많습니다. 악취가 심하다면 검사를 받아보는 것이 좋습니다.

소변과 관련하여 그 밖에 살펴봐야 하는 것

❶ 소변량

소변의 양은 24시간을 기준으로 체크해야 합니다. 하루 동안 체크했을 때 소변의 양(ml)이 '50×몸무게(kg)' 이상이라면 소변량이 과도한 다뇨증에 해당합니다. 예를 들어 3kg 강아지라면, 하루에 150ml(50×3) 이상의 소변을 볼 때 다뇨증에 해당합니다. 하지만 가정에서 소변의 양을 정확하게 체크하기는 어려우므로, 물 마시는 양을 체크해보는 것이 좋습니다. 24시간을 기준으로 마신 물의 양(ml)이 '100×몸무게' 이상이면 물을 과도하게 많이 마시는 상태인 다음증에 해당합니다. 예를 들어 3kg의 강아지가 하루에 300ml(100×3) 이상의 물을 마신다면 동물병원에 가서 진료를 받아봐야 합니다.

❷ 소변의 투명한 정도

건강한 상태의 소변은 투명합니다. 하지만 비뇨기계에 이상이 생기면 소변이 탁해질 수 있습니다.

❸ 소변을 눌 때 반려견의 행동

비뇨기계 질환이 걱정된다면, 소변을 누는 것을 힘들어하거나 소리를 지르는 등 아프다는 신호를 보내는지 살펴봅니다. 아파서 소변을 시원하게 보지 못해 화장실을 평소보다 자주 갈 수도 있고, 배뇨 자세를 취하지만 정작 소변은 누지 못할 수도 있습니다. 세심하게 살펴보고, 반려견이 배뇨에 어려움을 겪는다면 동물병원에서 진료를 받아야 합니다.

응급
상황 대처

01
반려견을 위한 응급 키트 준비하기

반려견이 갑자기 다치거나 이상 증세를 보인다면 즉시 동물병원으로 가서 응급 진료를 받아야 합니다. 이때 간단한 초기 대처 방법을 알고 있다면 진료를 받으러 가기 전 신속하게 대응하고 준비할 수 있습니다. 간단한 응급처치에 필요한 키트도 마련해두면 도움이 됩니다.

❶ 체온계

개의 체온은 직장 체온계를 이용해서 측정합니다.
정상 체온은 38~39.2℃ 정도로 사람보다 약간
높습니다. 집에서 측정했을 때 체온이 40℃ 이상이면 동물병원에
가야 합니다. 이때 젖은 수건 등을 이용해서 반려견의 몸에 물을 묻힌 뒤, 부채질을 하면서 이동하면 체온을 낮추는 데 도움이 될 수 있습니다.

❷ 가위

응급 처치를 할 때 반창고나 붕대를 잘라야 하므로
날이 잘 드는 의료용 가위를 구비해두는 것이 좋습니다. 가위질을

할 때는 실수로 반려견이 다치지 않도록 조심해야 합니다.

❸ 거즈, 붕대, 의료용 테이프

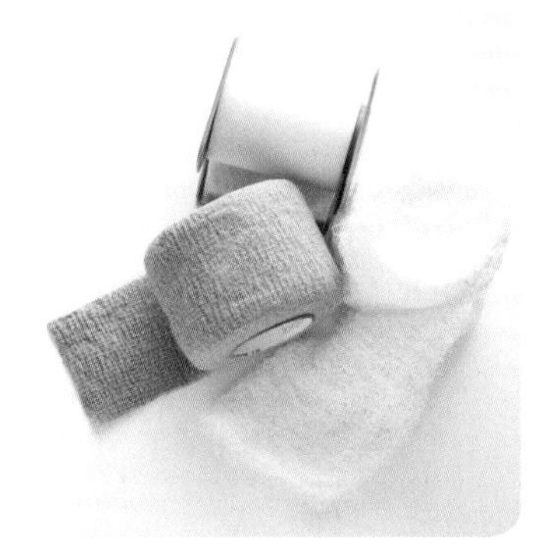

반려견이 다친 부위 등에서 피를 흘린다면 지혈을 해주어야 합니다. 출혈 부위에 거즈를 대고 손으로 지그시 눌러서 압박하거나, 붕대를 감아 압박한 뒤에 의료용 테이프를 붙여 고정하면 피가 빨리 멈추는 데 도움이 됩니다.

상처 부위를 반려견이 핥거나 긁어서 상처가 덧나거나 또 다른 감염이 발생하지 않도록 거즈를 붙인 뒤에 동물병원에 가는 것이 좋습니다.

❹ 멸균 장갑

눈에 보이진 않지만 우리 손에는 각종 세균이 있습니다. 맨손으로 반려견의 상처 부위를 만지면, 우리 손의 세균에 감염되어 덧날 수 있습니다. 상처 부위를 지혈하거나 소독해주고 싶을 때는 의료용 장갑을 착용해야 합니다.

멸균 장갑을 착용할 때는 장갑의 바깥쪽을 맨손으로 만지지 않도록 각별한 주의를 기울여야 합니다. 장갑의 바깥면을 손으로 만지면 병균이 묻기 때문에 멸균 장갑의 효용성이 떨어집니다.

❺ 멸균 식염수

상처가 난 직후 멸균 식염수를 상처 부위에 졸졸 흘리면서 씻으면 도움이 됩니다. 시추 등 두상이 납작한 반려견은 간혹 눈이 튀어나올 수도 있는데, 이때는 손수건에 멸균 식염수를 적셔 눈을 보호하면서 최대한 빨리 동물병원에 가야 합니다.

❻ 입마개, 넥칼라

반려견이 상처 부위를 핥지 않게 해야 합니다. 혹은 심하게 다친 반려견을 보호자가 만졌을 때, 평소 사람을 물지 않는 개도 심한 통증 때문에 보호자를 무는 일이 있을 수 있습니다. 응급 상황에서 보호자까지 크게 다치면 반려견을 동물병원에 데려가기 어려워질 수도 있기에 반드시 서로를 보호해야 합니다. 반려견이 많이 아프거나 크게 다쳤을 때는 조심스럽게 입마개나 넥칼라를 채워줍니다.

❼ 작은 손전등

반려견의 목에 뭐가 걸린 것 같을 때 손전등을 이용하면 보다 잘 확인할 수 있습니다. 단, 입을 억지로 벌리려고 하면 반려견이 물 수도 있으므로 장갑을 끼는 것이 좋습니다.

02
심폐소생술 숙지하기

심폐소생술은 심장과 폐를 소생시키기 위한 처치로, 기본적으로 맥박이나 호흡이 느껴지지 않을 때 수행합니다. 의학 드라마에서 의사들이 생사의 경계에 놓인 환자들에게 심폐소생술을 실시하는 장면을 심심치 않게 볼 수 있지요. 동물병원에서도 반려견이 생사의 갈림길에 서서 심폐소생술이 필요한 응급 상황에 놓이면, 수의사들이 심폐소생술을 합니다.

하지만 드라마와 달리 현실에서는 전문가가 심폐소생술을 해도 반려견이 되살아날 가능성은 지극히 작습니다. 심폐소생술이 성공하더라도 일시적으로 죽음을 지연시킬 뿐이며 결국에는 고통을 준다는 가치관에 의해 소생을 거부하는 심폐소생거부Do-Not Resuscitate, DNR를 하는 보호자도 있습니다. 더욱이 보호자가 반려견에게 심폐소생술을 직접 해야 하는 상황은 실제로 굉장히 드물 것입니다. 그럼에도 혹시 모를 상황에서 가느다란 생명의 끈이라도 놓치고 싶지 않다면, 다음 내용을 숙지해두시길 바랍니다.

심폐소생술을 하기 전에

먼저 호흡이 있는지 확인합니다. 반려견의 코에 손등을 대거나 배 부위의 움직임을 보고 숨을 쉬는지 판단합니다. 입안에 이물질이 있는지도 확인합니다. 혀의 끝을 잡고 입 밖으로 당겨서 입안을 자세히 살펴봅니다. 손을 물려서 다치지 않도록 조심해야 합니다. 입속이 어두워서 잘 보이지 않는다면 손전등이나 휴대전화의 라이트 기능을 이용합니다.

의식이 없는 반려견의 입을 벌렸을 때 구토물이나 이물질이 있다면 손으로 제거해줍니다. 만일 이물질이 기도를 막고 있다면 양손으로 반려견의 아랫배를 끌어안고 훅 당기는 방법으로 이물질이 튀어나올 수 있도록 시도해봅니다. 이러한 조치를 해서 반려견이 숨을 잘 쉰다면 상태를 지켜보며 가능한 한 빨리 동물병원으로 이동합니다. 원인을 파악하고 전문적인 처치를 받도록 합니다.

만일 숨을 쉬지 않는다면 맥박이 있는지 확인해봅니다. 맥박이 있다면 인공호흡을 실시하고, 맥박이 없다면 인공호흡과 함께 심장 마사지를 수행합니다. 맥박이 있는데 보호자가 잘못 느낀 것은 아닌지 정확히 확인해야 합니다.

인공호흡

반려견은 입이 크기 때문에 바람이 빠져나가지 않도록 양손으로 입을 감싸줍니다. 그런 상태에서 반려견의 코에 '후' 하고 바람을 불어줍니다. 소형견일 경우 바람을 너무 세게 불면 폐에 손상을 줄 수 있으니 적당한 세기로 바람을 불어 넣습니다. 처음에는 1.5~2초 정도로 길게 두 번 '후' 하고 바람을 불어 넣습니다. 그런 다음 5초 정도를 살펴보고, 숨이 돌아오지 않는다면 1분에 12~16회 정도(1회당 3.7~5초)가 되도록 코로 바람을 불어 넣어 인공호흡을 실시합니다.

심장마사지

❶ 반려견이 7kg 이하일 때

맥박이 느껴지지 않는다면, 반려견을 오른쪽이 아래로 가도록 옆으로 눕힙니다. 한 손은 팔을 쭉 편 상태로 반려견의 가슴 부위에 놓고 한 손은 바닥을 짚은 상태에서, 1분당 120회 정도의 속도로 약 2~3cm 또는 가슴이 1/3 정도가 눌리도록 압박합니다. 허벅지 안쪽에 맥박이 돌아오는지 중간중간 확인합니다.

❷ 반려견이 7kg 이상일 때

맥박이 느껴지지 않는다면, 반려견의 등 쪽이 아래로 가도록 눕힙니다. 두 손을 교차시켜 반려견의 가슴 부위 복장뼈에 두고, 팔을 쭉 편 상태로 1분당 80~100회 정도의 속도로 가슴이 1/4 정도가 눌리도록 압박합니다. 허벅지 안쪽에 맥박이 돌아오는지 중간중간 확인합니다.

실제로 심폐소생술 하기

동물병원에서는 의료장비와 응급 약물을 이용하여 숙련된 사람들이 손발을 맞춰서 심폐소생술을 실시합니다. 동물병원에서 심폐소생술을 받으면 좋겠지만, 갑작스럽게 발생한 상황에서는 일반인이 사전 지식 없이 심폐소생술을 하기 어렵습니다. 아래는 체중 7kg 이하인 반려견에게 보호자가 심폐소생술 하는 상황을 가정하여 재구성했습니다.

먼저 반려견에게 맥박과 호흡이 느껴지는지 확인합니다. 맥박과 호흡이 없는 것이 확실할 때만 심폐소생술을 실시합니다. 어두운 상태에서 손전등으로 눈을 비춰봤을 때 동공이 줄어들지 않거나, 반려견을 흔들어도 별다른 반응이 없다면 의식이 없는 상태로 볼 수 있습니다.

반려견의 입을 열어서 구토물이나 이물질이 있는지 확인하고, 있다면 제거합니다. 반려견의 몸 오른쪽이 아래로 가도록 눕힙니다. 그런 다음 한 손을 반려견의 가슴 부위에 대고 한 손은 바닥을 짚은 상태에서 1분당 120회 정도의 속도로, 약 2~3cm 또는 가슴이 1/3 정도가 눌리도록 15회 압박합니다. 그리고 입을 두 손으로 감싼 상태로 코에 약 2~3초 정도로 길게 '후' 하고 숨을 불어 넣습니다. 숨 불어 넣기를 한 번 더 합니다.

그래도 의식이 돌아오지 않으면 다시 가슴 부위에 15회 심장마사지를 하고, 인공호흡을 2회 수행하는 과정을 반복합니다. 허벅지 안쪽에 맥박이 돌아오는지, 반려견의 호흡이 재개되는지 중간중간 확인합니다.

두 명이서 심폐소생술을 한다면, 한 명은 심장 마사지를, 한 명은 인공호흡을 하면 되고, 심장마사지를 두세 번 할 때 인공 호흡을 한 번 해주는 빈도로 각각 역할을 함께 수행하면 됩니다.

03
반려견이 발작을 한다면?

발작은 뇌 또는 다른 장기의 문제로 뇌의 신경 활성이 비정상적으로 일어나서 생기는 증상입니다. 얼굴, 팔, 다리 또는 온몸의 근육이 움찔거리며 떨리는 증상이 대표적입니다. 일반적으로 발작 증상을 격렬히 보이는 시간은 1~2분 정도이며, 만일 발작이 5분 이상 지속되면 굉장히 심각한 상태이므로 반드시 동물병원에 가야 합니다.

반려견이 갑자기 발작 증상을 보인다면 굉장히 놀랄 수 있습니다. 하지만 발작만 두고 본다면 지속 시간이 보통 1~2분 이내로 길지 않습니다. 이 점을 기억하면서 발작이 발생하면 최대한 침착하게 행동합니다. 그리고 발작을 또 할 수 있으므로, 일단 멈추면 신속히 동물병원에 가서 진료를 받아야 합니다.

발작을 할 때 대처 방법

발작을 할 때 가장 중요한 것은 보호자도 반려견도 다치지 않는 것입니다. 먼저 발작하는 반려견 주위에 부딪혔을 때 다칠 만한 것이 있다면 빨리 치워줍니다. 근처에 벽이나 기둥이 있어서 부딪힐 위험이 있다면 쿠션이나 이불로 가려서 발작 중에 다치지 않도록 합니다. 특별한 이유가 없다면 발작하는 반려견을 만지지 말고, 보호자가 물리지 않도록 주의합니다.

발작 도중에 무언가를 먹이거나 마시게 하는 것은 좋지 않습니다. 발작을 할 때 체온이 많이 올라갈 수 있으므로 시원하게 문을 열거나 에어컨을 켭니다. 여력이 된다면 동영상을 촬영해두는 것이 좋습니다. 그러면 동물병원에 가서 수의사에게 당시의 상황을 보다 정확히 보여줄 수 있습니다.

발작을 한 뒤 대처 방법

반려견이 발작을 멈췄다면 되도록 빨리 동물병원에 가는 것이 좋습니다. 한 번 하고 시일이 지난 뒤에 다음 발작을 하는 경우도 있지만, 얼마 지나지 않아서 다시 하는 경우도 있기 때문입니다. 특히 발작을 5분 이상 지속했거나, 하루에 2회 이상 했다면 응급 진료를 받아야 합니다.

동물병원에 가는 중에 2차로 발작을 할 수도 있으므로 병원에 갈 때는 이동장을 이용하는 것이 좋습니다. 이동장 안에 사방으로 수건이나 방석을 충분히 깔아서 반려견이 혹시나 발작을 하더라도 다치지 않도록 신경을 써줍니다.

04

반려견이 교통사고를 당했다면?

반려견이 교통사고를 당하면 대부분 크게 다치기 때문에 신체적, 정신적으로 힘들어질 수 있습니다. 사고는 예고 없이 찾아오기에 집 밖으로 나갈 때는 항상 안전 수칙을 지켜야 합니다.

반려견이 온순하게 잘 따라다니면 안심한 나머지 목줄이나 가슴줄을 하지 않고 용감하게 산책에 나서기도 하는데, 이런 행동이 자칫 잘못하면 대형 사고를 부를 수 있습니다. 오히려 훈련이 잘 되지 않아 목줄이 필수인 반려견들은 보호자가 늘 주의를 기울이기 때문에 사고가 잘 나지 않습니다. 반려견에게 목줄, 가슴줄은 안전벨트와 같습니다. 타인을 위해서도 필요하지만, 위급한 사고의 순간에 반려견의 생명을 지키기 위해서도 반드시 항상 착용해야 합니다.

어디로 신고해야 할까?

자신의 반려견 또는 보호자를 알기 어려운 개가 사고를 당했다면 119로 신고하면 됩니다. 119에서는 사망 여부를 묻고, 이미 사망한 경우엔 관할 청소·환경미화과로 안내를 해줍니다. 사망하지 않았다면 관할 동물보호센터로 연결해줍니다. 사망으로 신고하면 청소과 등에서 사체 처리를 하러 오기 때문에 사망 여부를 잘 확인해야 합니다.

반려동물을 가족으로 생각하는 인구가 1,000만을 넘었지만, 반려동물은 여전히 법적으로 '물건'에 해당합니다. 구체적 사건에 관해서는 변호사의 자문이 필요하겠지만, 운전자의 과실로 사고가 발생한 경우 '재물손괴죄'의 적용을 받을 순 있으나, 운전자의 고의성을 입증하기 어려운 편입니다. 더욱이 목줄이나 가슴줄을 착용하지 않은 상태에서 사고가 났다면, 사고의 과실이 보호자에게 있기 때문에 운전자에게 책임을 묻기 어렵습니다. 따라서 산책을 할 때는 사고가 나지 않도록 꼭 목줄이나 가슴줄을 착용하고 주의를 기울여야 합니다.

교통사고 이후 세 번의 위기

교통사고가 난 순간부터 시간은 흐르기 시작한다는 걸 명심해야 합니다. 교통사고가 발생하면 크게 세 번의 위기가 찾아옵니다.

사고 이후 10분 이내에 첫 번째 위기가 발생하는데, 이때를 못 넘기면 동물병원에 도착하기도 전에 사망할 수 있습니다. 반려견은 교통사고를 당하면 대개 골절이 동반됩니다. 함부로 세게 만지지 않도록 조심해야 하며, 무엇보다도 빠르게 신고하거나 응급 호출을 해야 합니다. 상황상 반려견을 옮겨야 할 때는 무작정 들지 말고, 뼈가 움직이지 않도록 딱딱한 판을 받치고 수건 등으로 몸을 최대한 고정해 이동시킵니다. 피가 심하게 나는 부위는 지그시 눌러서 압박 지혈을 시도해볼 수 있습니다.

두 번째 위기는 서너 시간 이내에 주로 발생합니다. 즉각적으로 치료를 받으면 두 번째 위기를 잘 넘길 가능성이 커집니다. 사고 직후 한 시간이 골든타임으로, 반려견을 살리기 위해서는 빨리 동물병원에 가서 처치를 받을 수 있도록 노력해야 합니다.

세 번째 위기는 사고 후 3~5일 이내에 일어납니다. 예컨대 폐에 발생한 출혈은 열두 시간까지도 진행될 수 있습니다. 이처럼 사고 이후에 서서히 생기는 문제도 있기 때문에 3~5일 정도는 주의해야 합니다. 이 시기까지 무사히 넘겼다면 대부분 생존하므로 마음을 조금 놓아도 됩니다.

05

반려견이 호흡곤란을 겪고 있다면?

호흡은 생명을 유지하는 데 꼭 필요한 활동입니다. 잠시라도 숨을 못 쉬면 생명이 위험해지므로, 호흡곤란은 중증 상태에 해당하는 위급 상황입니다. 보통은 폐에 염증이 생기는 폐렴이나 폐에 물이 차는 폐부종 등의 질환이 있을 때 숨을 쉬기 어려워합니다. 기관의 탄력이 떨어져 기관허탈증이 심해졌거나, 드물게 이물질이 기도를 막는 경우에도 호흡이 어려워질 수 있습니다.

어떤 이유에서건 호흡곤란 증상을 보인다면 생명이 위험한 중증 상태이니, 최대한 빨리 동물병원에 가서 응급 진료를 받아야 합니다.

 호흡곤란으로 볼 수 있는 증상들

❶ 호흡이 빨라요

호흡수는 반려견의 가슴 부위 움직임을 보고 알 수 있습니다. 호흡수의 정상 범위는 1분에 15~30회 정도이므로, 호흡수가 1분에 30회가 넘으면 호흡이 빠르다고 볼 수 있습니다. 호흡곤란이 있으면 대개 숨을 얕고 빠르게 쉽니다.

❷ 혀 또는 입안의 점막이 파래요

호흡이 힘들면 산소 공급이 원활하지 못하게 됩니다. 입안을 살펴봤을 때 평소에 핑크빛이던 혀나 입안의 점막 색이 파랗게 질려 있다면 위급한 상황입니다.

❸ 호흡이 힘들어 보여요

호흡곤란 상태가 되면, 안 쓰던 주위 근육들까지 동원해서 최대한 숨을 쉬려고 노력하게 됩니다. 그래서 숨을 쉴 때 가슴이나 배의 움직임이 평소보다 과장되게 보일 수 있습니다.

❹ 숨을 쉬는 자세가 달라요

숨을 조금이라도 더 편하게 쉬기 위해서 앞다리로 지탱하고 가슴을 내민 상태로 숨을 쉬는 경우가 많습니다.

❺ 입을 벌리고 숨을 거칠게 쉬어요

입을 벌리고 혀를 내밀면서 헉헉거리며 숨을 쉬기도 합니다. 숨소리가 평소보다 거칠게 느껴질 수 있습니다.

호흡곤란 시 응급 대처 방법

반려견은 최대한 숨을 잘 쉬기 위해서 자세를 평소와 다르게 하고, 평소 호흡할 때 사용하지 않던 주변 근육도 사용할 것입니다. 이때 만일 반려견을 안는다면 가슴 부위도 눌리고 자세도 원치 않는 상태로 바뀌게 되므로 호흡곤란이 더 심해질 수 있습니다. 동물병원으로 이동할 때는 반려견을 안지 않도록 주의하며 이동장을 활용하는 것이 좋습니다. 되도록 시원하게 해주는 것이 좋고, 무언가를 마시거나 먹으면 호흡이 더 힘들 수 있으므로 주지 않도록 합니다.

반려견이 갑자기 숨을 못 쉬고 창백해지거나 파랗게 질렸을 때 무언가가 반려견의 기도를 막고 있는 것 같다면, 반려견의 호흡에 무리가 되지 않는 선에서 이물질이 있는지 확인해봅니다. 손전등을 비춰 기도를 조심스럽게 살펴봅니다. 그 결과 무언가가 기도를 막고 있는 것으로 보인다면, 반려견의 등 쪽에서 두 팔로 반려견의 아랫배를 안고 힘을 주어 '훅' 하고 당기는 방법으로 이물질을 제거합니다. 이때 힘을 너무 세게 주어 갈비뼈가 부러지지 않도록 주의해야 합니다.

만약 산소캔이 있다면 바로 공급해줍니다. 반려견이 숨을 쉬기 힘들어하거나 숨을 가쁘게 쉬는 경우, 또는 혀가 파래지는 경우 동물병원에 가는 길에 산소캔을 적용해주면 도움이 됩니다. 산소 공급기나 산소 발생 장치가 있으면 더욱 도움이 됩니다. 반려견은 코로 숨을 들이쉬므로 코 쪽으로 산소캔을 적용하여 산소를 공급해줍니다. 특히 반려견이 심장 질환, 폐에 물이 차는 폐수종(폐부종), 기관이 좁아져서 컹컹거리며 짖는 기관허탈이 있는 경우에는 산소캔을 구비해두는 것이 좋습니다.

PART 3

편안한 반려견을 위한 홈 마사지

기초
마사지 기법

01
홈 마사지의 효과

마사지는 '반죽하다, 주무르다'라는 뜻을 가진 단어에서 유래했습니다. 물리치료의 일종인 마사지는 주로 손을 이용하여 피부나 근육에 자극을 주는 것으로, 치료나 재활을 목적으로 하며 '치료의 손길therapeutic touch'로도 불립니다. 반려견에게 마사지를 한다는 점이 생소하게 느껴질 수도 있지만, 사실 동물에게 하는 마사지는 오랜 역사를 가지고 있습니다. 서양에서는 로마의 율리우스 카이사르의 개에게 마사지를 수행했다는 기록이 있으며, 중국에서도 기원전부터 마사지를 했다는 기록이 있습니다. 이후에도 신체 수행 능력이 중요한 말에게 해주는 마사지를 중심으로 꾸준히 발전해왔습니다.

반려견 마사지는 특히 재활치료 등 치료 목적으로 많이 활용되며, 의학 분야만 보더라도 수많은 연구에서 마사지의 효과가 과학적으로 증명됐습니다. 동물이라도 주요한 해부학적 및 생리학적 특징은 사람과 닮은 부분이 많기에 학계에서는 동물에게도 마사지가 긍정적인 효과를 준다고 보고 있습니다.

물리적인 효과

마사지를 해주면 근육이 기계적으로 스트레칭되면서 근육의 신장도가 감소하고 유연성이 향상됩니다. 꾸준히 하면 근육통이 감소하고, 주위 결합조직이 튼튼해집니다. 근육조직이 유착되는 것을 방지하는 효과도 있으며, 마사지할 때 발생하는 마찰력 때문에 체온이 상승하여 혈액의 흐름도 좋아지고 근육의 탄력도 증가합니다. 관절 또한 단련되므로 갑작스러운 관절 손상을 예방하는 효과도 있습니다.

생리적인 효과

마사지는 정맥 순환과 림프 순환을 촉진합니다. 정맥과 림프는 동맥에 비해 순환 동력이 약합니다. 따라서 정맥과 림프관에는 동맥에는 없는 '판막'이라는 구조가 있어서 역류를 방지하며, 주위 근육의 움직임을 동력으로 삼기도 합니다. 마사지를 해주면 정맥과 림프관에 압력이 전달되어서 순환에 추진력을 더해줍니다. 마사지를 발에서 몸통 쪽으로 해주면 정맥과 림프 순환에 더욱 도움이 됩니다.

세포와 혈관 사이 공간에는 조직액이라는 액체가 차 있습니다. 산소와 영양분은 혈관 → 조직액 → 세포로 전달되고, 노폐물은 세포 → 조직액 → 혈관으로 배출됩니다. 마사지를 하면 압력 때문에 혈관-조직액-세포 간의 이동 속도가 빨라져서 영양분과 노폐물의 교환이 활발해집니다. 꾸준히 마사지를 받으면 산소 공급이 잘되고 근육의 손상을 일으키는 나쁜 노폐물들이 빠르게 제

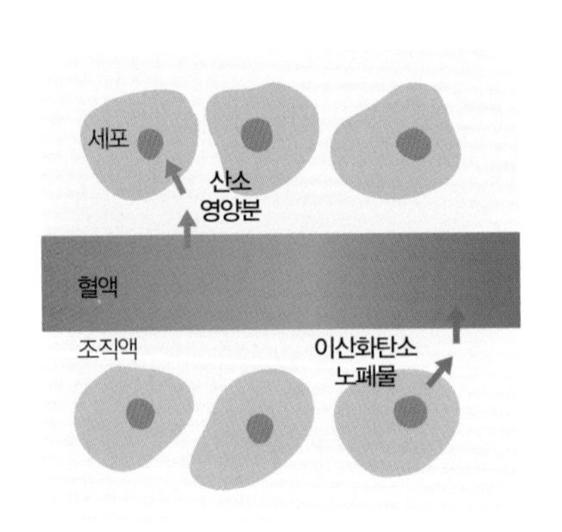

거되므로, 만성적인 근육 통증이 감소합니다.

또한 마사지를 받을 때는 몸이 눌리고 움직이면서 감각신경과 자율신경이 자극을 받습니다. 그러면 신경이 활성화되면서 소화도 더 잘되고 차분해집니다. 적절한 신경 자극으로 신경전달물질인 세로토닌과 엔도르핀의 분비가 증가하고, 면역세포의 하나인 NK 세포의 활성이 증가해서 면역력도 강해집니다.

일반적으로 긴장하거나 흥분했을 때 심장 박동과 호흡이 빨라지고 혈압이 높아지지만, 평온한 상태에서는 세 가지가 모두 안정화되는 경향이 있습니다. 마사지를 받기 전후를 비교한 연구 결과, 마사지를 받고 나면 심장 박동 수와 혈압이 낮아지고 호흡수도 줄어드는 안정 효과가 나타났습니다.

 심리적인 효과

반려견에게 심리 상태를 직접 묻고 답을 들을 수는 없지만, 과학적으로 입증된 사실들을 통해 심리적인 효과를 추정해볼 수 있습니다. 심리적인 영향의 근거는 주로 생리적인 효과와 밀접하게 관련되어 있기 때문입니다.

마사지를 받으면 혈압, 심장 박동 수, 호흡수가 안정되므로 반려견들이 마사지를 받을 때 심리적으로 편안해한다는 것을 유추할 수 있습니다. 또한 마사지를 해주면 긴장 상태에서 나오는 에피네프린이 감소하고 스트레스와 관련된 호르몬인 코르티솔 역시 감소하므로, 긴장 해소와 스트레스 완화 효과가 있다는 걸 알 수 있습니다. 또한 행복감과 관련된 세로토닌, 기쁨과 관련된 엔도르핀이 증가하므로 마사지가 기분을 향상시켜준다고 예상할 수 있습니다. 마사지를 받으면 수면의 질 또한 더 좋아진다고 합니다. 이와 같은 긍정적인 효과가 쌓이면 반려견의 인지 능력이 개선되며, 보호자와 반려견 간의 신뢰감과 유대감 또한 증진됩니다.

02

홈 마사지 전 알아두어야 할 것들

반려견에게 하는 마사지 방법 중 고급 마사지 기법은 제대로 배우려면 장기간의 수련 과정을 거쳐야 합니다. 반려견이 아파서 재활치료 목적으로 마사지가 필요하다면 관련 동물병원에서 전문적인 마사지를 받아야 합니다. 그에 비해 간단한 마사지 기법은 초보자도 비교적 쉽게 배워서 적용할 수 있습니다. 주의해야 하는 점들을 숙지해서 마사지를 수행한다면, 반려견의 건강을 챙기는 것은 물론 유대감도 쌓을 수 있을 것입니다.

마사지 전 기본 상식 익히기

마사지 압력이 셀수록 좋은 것은 아닙니다. 특히 반려견에게 마사지를 할 때는 너무 센 힘을 주지 않도록 주의합니다. 먼저 자신의 눈을 살짝 눌러보면서 적당한 압력이 어느 정도인지 익혀봅니다. 반려견에게 처음 마사지할 때 이 압력을 기준으로 적용해봅니다. 만일 반려견이 아파한다면 기준 압력보다 힘을 빼고 좀 더 살살 하는 식으로 조절하면 됩니다.

반려견은 주위에서 일어나는 일에 관심이 많습니다. 따라서 사람이나 동물이 많이 지나다니는 곳에서는 마사지를 하기가 어렵습니다. 시끄러운 곳에서도 반려견이 금방 산만해질 수 있으므로 독립된 조용한 공간에서 마사지를 하는 것이 가장 좋습니다. 또 마사지를 하는 과정에서 열이 발생하므로 약간 시원한 장소를 선택하도록 합니다. 마사지는 맨바닥에서 하기보다는 매트나 쿠션처럼 약간 푹신한 곳에서 하는 것이 좋습니다. 반려견이 작다면 무릎 위에 올려놓고 해도 괜찮습니다. 바닥에서 마사지를 할 때는 반려견 옆에 앉는 것이 좋습니다.

마사지를 할 때엔 바른 자세로, 어깨 근육과 같이 되도록 큰 근육을 사용하도록 합니다. 반려견은 대부분 눈치가 빠르기에, 마사지를 하는 사람이 자신이 없거나 움츠러들면 반려견도 불안해하거나 불편해할 수 있습니다. 따라서 반려견의 반응을 잘 살피되, 자신감을 가지고 해주어야 합니다. 이 책에서 소개하는 홈케어 마사지는 간단한 마사지 기법을 이용하므로 어렵지 않게 할 수 있지만, 그래도 잘하고 있는지 확인받고 싶다면 전문가에게 상담하는 것도 좋습니다.

마사지는 근골격계 질환에 좋지만, 그렇다고 근골격계 질환의 만병통치약인 것은 아닙니다. 반려견에게 근골격계 질환이 있다면, 동물병원에서 치료를 받으면서 집에서 마사지를 해주거나 전문적인 재활 마사지를 병행할 때 효과가 좋습니다. 반려견의 컨디션 변화에 따라 마사지로 더 나은 효과를 볼 수 있습니다.

반려견이 특히 아파하는 부위가 있을 때도 동물병원에서 진료를 받아보는 것이 좋습니다. 예를 들어 등 부위를 누르면서 마사지할 때 반려견이 움찔거리거나 소리를 지른다면 디스크 질환일 수도 있습니다. 이런 경우 질병에 대한 치료 없이 마사지만으로 개선을 기대하기는 어렵습니다. 또한 마사지하면서 혹 같은 것이 만져진다면 종양일 수 있으므로 동물병원에 가봐야 합니다.

마사지하면 안 되는 상태와 부위

마사지는 대체로 건강에 이롭지만, 오히려 해로운 경우도 있습니다. 예를 들어 바이러스 등 감염성 질병에 걸렸다면 마사지를 하지 말아야 합니다. 고열이 있거나 저혈압으로 인한 쇼크 상태에서도 마사지를 하면 안 되며, 마사지를 받기 전에 질병을 먼저 치료해야 합니다.

또한 반려견에게 피부병이 있을 때도 되도록 마사지를 하지 않는 것이 좋습니다. 특히 동그란 모양의 탈모를 유발하는 곰팡이성 피부 질환인 피부사상균증에 걸렸다면 마사지를 절대 하지 않도록 주의합니다. 링웜ringworm이라고도 불리는 피부사상균증은 사람도 걸릴 수 있는 질병으로, 만지면 옮을 수 있습니다.

반려견의 컨디션이 좋아서 마사지를 하더라도, 피부에 상처나 염증이 있다면 그 부위는 제외하고 마사지를 합니다. 그 밖에도 피하조직에 생긴 출혈로 혈액이 고여 혹처럼 튀어나온 것을 혈종이라고 하는데, 마사지를 하면 혈종이 더욱 심해질 수 있으므로 그 부위에는 마사지를 하지 말아야 합니다.

마사지를 하면 림프 순환이 촉진되어서 종양이 더 잘 전이될 수도 있습니다. 하지만 때에 따라 종양에 걸린 반려견의 고통을 경감시켜주는 효과를 볼 수도 있으므로, 마사지를 하기 전에 전문가와 상담하는 것이 좋습니다.

그 밖에 뼈가 부러진 후 완전히 낫지 않은 상태에서 마사지를 하면 재골절이 될 수도 있으므로, 그 부위는 섣불리 마사지를 하지 않도록 합니다.

마사지가 도움이 되는 상태

부종이나 부기를 뺄 때 마사지가 유용합니다. 부종이 생기면 순환이 잘 되지 않을 뿐더러 심하면 통증도 있고 움직이기도 어려워집니다. 마사지를 받으면 순환이 활발해지며, 특히 다리의 부기를 빼는 데 효과적입니다. 아침과 점심에 5분 정도씩 마사지를 해주면 가장 효과가 좋습니다.

반려견이 아파서 누워만 있다면 혈액 순환에 지장을 받기 때문에 마사지가 필요합니다. 마사지를 해주면 통증이나 스트레스가 감소하므로 삶의 질을 높여줄 수 있습니다. 마찬가지 이유로 호스피스 케어 시에도 도움이 됩니다.

그 밖에 각종 정형외과 질환이나 신경계 질환이 있을 때도 마사지는 반려견에게 큰 힘이 될 수 있습니다. 마사지가 근육 기능을 강화하고 유연성을 길러주기 때문입니다. 또한 분리불안이 있는 반려견이나 노령견, 비만견에게도 도움이 될 수 있습니다.

03

부드럽게 쓰다듬는, 스트로킹

스트로킹stroking은 마사지를 시작할 때 사용하기 좋은 기술입니다. 반려견을 부드럽게, 천천히, 균일한 압력을 주며 쓰다듬으며 마사지를 해주면 됩니다. 에플로라지effleurage는 '다듬다', '문지르다'라는 뜻으로 이 또한 스트로킹의 일종이지만 진행 방향에 차이점이 있습니다. 스트로킹 기법은 머리에서 꼬리 방향 그리고 몸통에서 발 방향으로 진행하는 반면, 에플로라지 기법은 반대로 발가락에서 몸통 방향으로 진행합니다.

스트로킹

마사지 방법

반려견이 편안해하는 정도의 세지 않은 압력으로 진행합니다. 한 손을 펴서 머리에서 꼬리 방향으로 부드럽게 쓰다듬어줍니다. 평소 반려견을 쓰다듬어줄 때의 동작과 크게 다르지 않습니다. 다만 천천히 균일한 압력을 주어야 합니다. 꼬리 방향까지 진행했다면 손을 떼기 바로 전에, 반대 손을 머리 쪽에 살포시 대고 같은

방식으로 쓰다듬듯 마사지합니다. 즉 손을 번갈아 가면서 마사지가 끊기지 않게 지속합니다. 다리 부분에 스트로킹을 할 때도 몸통에 가까운 부위에서 시작해 발끝으로 진행합니다. 마사지를 할 때는 손의 촉감에 정신을 집중해서 근육이 뭉친 부위와 부종이 심한 부위를 파악하고, 피부에 혹이 느껴지는지도 가볍게 살펴봅니다. 혹이 만져진다면 동물병원에 가서 치료를 받아야 합니다.

기대 효과

반려견을 쓰다듬어주는 동작으로, 불안감과 긴장감 해소에 탁월합니다. 특히 사람의 손길을 좋아하는 친화적인 성격의 반려견을 안정시키고 달래는 데 아주 좋은 동작입니다. 반려견이 낯선 환경으로 이동해서 긴장했거나 통증 때문에 스트레스를 받고 있다면, 스트로킹으로 진정 효과를 볼 수 있습니다. 몸을 넓게 쓰다듬는 동작으로 근육의 긴장도와 뭉친 부위를 파악하기 쉽고, 혹이나 부종은 없는지 살펴보기에도 좋습니다.

에플로라지

마사지 방법

스트로킹과 마찬가지로, 반려견이 편안해하는 정도의 세지 않은 압력으로 진행합니다. 균일한 압력을 주는 것이 포인트입니다. 에플로라지는 주로 다리에서 하는 동작으로 발끝에서 몸통 방향으로 진행합니다. 앞다리에는 겨드랑이 쪽에 림프샘

이 있고, 뒷다리에는 슬개골 뒤쪽과 아랫배 쪽에 림프샘이 있습니다. 발끝에서 림프샘까지 잇는다는 느낌으로, 손을 떼지 않고 길게 마사지합니다. 근섬유의 방향과 평행하게 따라가며 마사지하는 것이 정석으로, 다리뼈 방향을 따라서 마사지한다고 생각하면 됩니다.

기대 효과

에플로라지는 통증과 근육 긴장을 감소시키며, 특히 부종을 빼는 데 매우 효과적입니다. 발끝에서 림프샘 쪽으로 밀어내듯이 마사지하는 동작으로, 림프 순환과 정맥 순환을 촉진합니다. 따라서 다리의 부기를 빼고, 몸에 쌓인 독소들을 림프샘을 통해 배출하는 데 도움이 됩니다. 또한 근육을 스트레칭하는 효과가 있고, 다리 근육의 운동성을 향상시킵니다. 스트로킹 기법과 마찬가지로 사람의 손길을 좋아하는 반려견이 긴장을 풀고 안정을 취하게 해줍니다.

04

깊이 주무르는, 페트리사지

페트리사지petrissage는 '주무르다' 또는 '반죽하다'라는 뜻으로 유날법이라고도 합니다. 근육과 피하조직을 눌렀다 떼는 것을 반복하면서 진행하는 마사지 기법입니다. 기본 원리는 비슷하지만 기술적인 측면에 따라 '반죽하다'는 뜻의 니딩kneading, '짜내다'는 의미를 지닌 링잉wringing, '굴리다'는 뜻을 가진 롤링rolling 등으로 나뉩니다. 페트리사지는 주로 반려견이 스트로킹을 받고 난 뒤에 편안하게 있는 상태에서 시작합니다. 스트로킹보다는 약간 센 강도로 하되, 되도록 깊이 주무른다는 느낌으로 마사지해줍니다. 근육의 근섬유 진행 방향과 평행하게, 수직으로, 대각선 방향으로 모두 적용할 수 있습니다.

니딩

마사지 방법

한 손 또는 양손을 이용해서 피하조직과 근육에 원을 그리며 지그시 눌렀다가 살며시 뗍니다. 한 번은 시계 방향, 한 번은 반시계 방향으로, 피하조직과 근육에 힘을 가했다가 풀어주기를 반복합니다. 리듬을 타는 듯한 느낌으로 진행하며, 주로 큰 근육을 위주로 마사지해줍니다. 반려견의 체구가 크거나 마사지 부위가 넓은 경우에는 손바닥을 이용하면 좋고, 반려견의 체구가 작거나 마사지 부위가 비교적 좁은 경우에는 손가락을 이용해도 됩니다. 손가락 끝으로 좁은 부위에서 니딩 마사지를 할 때는, 이미 마사지한 부위를 다른 손으로 부드럽게 쓰다듬어주면서 이완을 도와줍니다.

기대 효과

니딩 기법은 피부와 피하조직, 인대, 근육을 광범위하게 풀어줍니다. 피부의 반사신경이 강화되고, 결합조직의 탄력과 강도가 증가합니다. 근육을 깊이 움직여주므로 굳어 있던 근육의 긴장도 풀리고 통증도 완화됩니다. 근육의 유동성이 증가하며, 유착된 부위를 푸는 데 효과가 좋습니다. 압력을 줬다가 풀어주므로 조직액의 순환이 촉진되며, 정맥과 림프 순환에도 도움이 됩니다. 순환이 활발해지므로 염증 산물이나 몸에 자극을 주는 화학물질, 노폐물을 제거하고 씻어내는 효과가 있습니다.

링잉

마사지 방법

링잉 기법의 손동작은 꼬집는 동작과 비슷하므로, 힘을 세게 주면 아플 수 있으니 주의합니다. 양손의 엄지가 맞닿은 상태 또는 매우 가까이 있는 상태에서 나머지 손가락으로 반려견의 살을 살며시 움켜쥔 뒤에 각각 반대 방향으로 손을 돌리듯 움직입니다. 빨래의 물기를 짜는 동작을 연상하면서 한 손은 나를 향해서, 반대 손은 나로부터 멀어지도록 동시에 움직입니다. 2~5초 정도 유지하고 서서히 풀어 줍니다. 같은 동작을 그 주위에 반복해서 수행합니다. 링잉 기법은 반려동물의 등과 엉덩이 그리고 뒷다리에 적용하면 좋은 효과를 볼 수 있습니다.

기대 효과

전반적인 기대 효과는 니딩 기법을 적용할 때와 비슷합니다. 링잉 기법은 근육을 스트레칭하는 동작으로, 근육의 긴장을 풀어주고 탄력을 증가시키는 데 특히 효과가 좋습니다. 또한 반려견이 안정을 취하는 데 도움이 됩니다.

롤링

마사지 방법

피부와 피하를 잡는다는 느낌으로 양손의 엄지와 검지로 반려견의 살을 잡습니다. 그리고 손가락 사이를 살짝 비비듯이 움직이면서 잡은 피부와 피하조직을 말

아 올립니다. 이 동작을 반복하여 진행하는데, 각각의 동작은 짧게 하면서 상쾌한 느낌으로 마사지합니다. 스트로킹을 할 때보다 손에 힘을 좀 더 주어서 진행해도 됩니다. 주로 등에 적용하며, 특히 척추 부근에 효과적입니다.

기대 효과

기대 효과는 니딩 기법이나 링잉 기법을 적용할 때와 유사합니다. 롤링의 특장점은 유착을 해소하는 데 가장 좋다는 것입니다. 피부와 피부 아래의 깊은 부위 간에 유착이 있을 때 롤링 마사지를 하면 좋은 효과를 볼 수 있습니다. 롤링 마사지를 척추 주위에서 할 때는 반려견의 반응을 잘 살펴보고, 딱히 힘을 세게 주지 않았음에도 반려견이 소리를 지르거나 아파한다면 디스크가 아닌지 진료를 받아보는 것이 좋습니다.

05

지그시 누르는, 컴프레션

컴프레션compression 기법은 압박법이라고도 합니다. 즉, 압력을 주어 누르며 원을 그리면서 돌리는 방식입니다. 오래된 노폐물을 밀어내고 영양분과 산소가 풍부한 새로운 혈액이나 림프액, 조직액이 들어오게 함으로써 순환을 촉진하는 효과가 있습니다.

그 밖에 홈 마사지를 할 때 활용도가 높은 홀딩holding, 플레이싱placing 기법과 진동을 주는 셰이킹shaking, 바이브레이션vibration 기법에 대해서도 함께 살펴보겠습니다.

컴프레션

마사지 방법

컴프레션 기법은 한 손으로 해도 좋고 양손으로 해도 무방합니다. 주로 손바닥을 사용하지만 주먹의 바깥 부위나 손가락으로 해도 괜찮습니다. 컴프레션 마사지를 할 때는 압력을 다소 세게 주어 15초 정도 누른 뒤에 서서히 손을 뗍니다. 혈액의

흐름을 일시적으로 막았다가 서서히 풀어주는 것을 목표로 하므로, 이 점을 유념하여 세기를 조절하면 됩니다. 다른 마사지 기법에 비해 상대적으로 압력이 센 기법으로 반려견의 반응을 특히 유심히 살피면서 마사지해야 하며, 힘들어하면 힘을 조금 빼도록 합니다.

컴프레션 방법은 쓰다듬는 것이 아니라, 누른 뒤 돌리는 방식입니다. 손바닥이나 주먹의 바깥 부위 또는 손가락이 옆으로 벗어나지 않도록 주의하면서, 중심을 유지한 채 돌리듯 눌러 줍니다. 이렇게 누르면 한쪽은 스트레칭되고 다른 쪽은 약간 접히면서 골고루 다양한 자극을 줄 수 있습니다. 양손을 사용한다면 오른손은 시계 방향, 왼손은 반시계 방향 식으로 압력을 주는 방향을 달리하면 좋습니다. 같은 부위에서 마사지를 여러 번 반복합니다. 컴프레션 마사지를 하고 다른 부위로 옮겨갈 때는 반려견의 몸을 쓰다듬어줍니다.

기대 효과

컴프레션 마사지는 압력의 세기를 조절하며 체액의 흐름을 막았다가 풀어주는 방법입니다. 체액의 일종인 혈액, 림프액, 조직액이 재순환하면서 순환이 활성화되고 노폐물이 효과적으로 씻겨 나갑니다. 누를 때는 압력이 가해지면서 고여 있던 체액을 밀어내는 역할을 함으로써 오래된 노폐물이 빠져나가고, 서서히 뗄 때는 압력이 약해지면서 새로운 체액이 밀려듭니다. 이처럼 조직에 압력의 차이를 만들어서 정맥, 림프액, 조직액의 순환이 증가하는 효과를 발생시킵니다.

순환 촉진을 목적으로 컴프레션 기법을 적용할 때는 심장에서 먼 곳부터 시작해서 점점 몸의 중심부로 진행하는 것이 가장 좋습니다. 컴프레션 마사지는 단순히 누르는 것이 아니라, 눌러서 돌리는 기법입니다. 따라서 피하조직과 근육의 움직임이 많이 발생하며 스트레칭이 되는 효과도 있어 근육의 긴장도를 감소시키는 데 탁월합니다.

반려견은 특히 앞다리의 팔꿈치에서 어깨 사이에 있는 근육인 삼두근triceps muscle과 삼각근deltoideus muscle이 잘 뭉치므로, 컴프레션 기법을 적용하여 그 근육을 풀어주면 좋습니다. 컴프레션은 다른 마사지보다 압력이 더 깊은 곳까지 전달되는 방법으로, 큰 근육들을 풀어주는 데 특히 효과가 있습니다. 스트로킹 방법

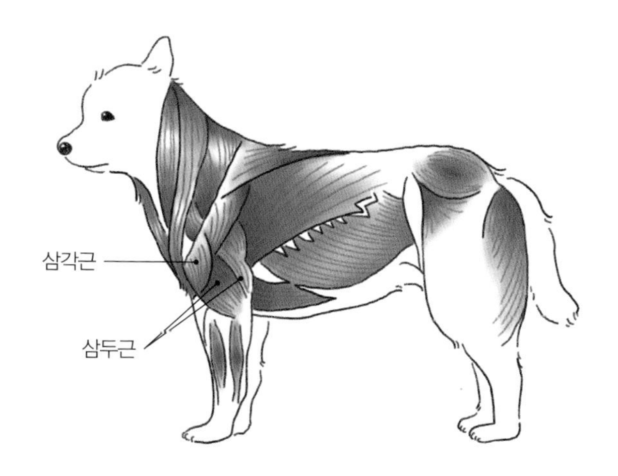

을 적용하면서 근육이 뭉친 곳을 체크해보고, 뭉친 부위에 컴프레션 마사지를 하면 좋은 효과를 볼 수 있습니다.

홀딩, 플레이싱

마사지 방법

홀딩과 플레이싱은 굉장히 간단한 마사지 방법입니다. 뻣뻣하거나 긴장도가 높은 부위에 손을 대고 가만히 있으면 됩니다.

기대 효과

근육의 긴장도가 높은 부위에 적용하면 좋습니다. 손을 대고 있는 부위가 따뜻해지기 때문에 순환이 활발해지고 몸이 이완되는 효과가 있습니다.

셰이킹, 바이브레이션

마사지 방법

셰이킹과 바이브레이션은 몸을 흔들어주는 마사지 방법입니다. 셰이킹 기법은 한 손 또는 양손을 반려견의 몸에 댄 뒤 옆으로 또는 위아래로 흔들어주는 방법입니니

다. 바이브레이션 기법은 셰이킹보다는 움직임이 작고 섬세한 마사지 기법입니다. 손이나 손가락 끝을 이용해 몇 초 동안 미세한 진동을 가했다가 손을 뗍니다.

기대 효과

셰이킹과 바이브레이션은 순환을 촉진하며 근골격계에 좋은 마사지입니다. 신경계를 이완하고 안정화하는 효과가 있으므로 압력이 센 마사지 사이사이에 적용하거나 마사지를 마칠 때 사용하면 좋습니다. 또한 호흡기계에도 좋은 마사지 기법입니다.

예를 들어 반려견이 가래와 같은 호흡기계 분비물이 많다면, 다음에 소개할 타포테먼트tapotement 마사지와 함께 바이브레이션을 적용해주면 좋습니다. 호흡기계 분비물을 배출하는 데에는 셰이킹 기법보다 바이브레이션 기법을 적용하는 것이 더 도움이 됩니다. 바이브레이션은 뼈가 돌출된 부위나 관절 부위에 적용해도 좋습니다. 이 마사지는 신경을 안정시키고 근육의 유착을 줄이며, 치유를 촉진하는 효과가 있습니다.

06

가볍게 두드리는, 타포테먼트

타포테먼트 기법은 경타법 또는 타진법이라고도 부릅니다. 단어 그대로 손으로 몸을 치는 방식의 마사지입니다. 반려견에게 기운을 북돋아 주는 마사지를 하기 위해서는 손목의 스냅을 이용해서 부드럽게 하는 것이 좋습니다.

타포테먼트에도 여러 가지 기법이 있지만 홈 마사지에서 주로 사용하는 기법으로는 '손뼉 치다'는 의미의 클래핑clapping, 몸통을 두드리는 파운딩pounding, '찍어 내리다'는 뜻의 해킹hacking이 있습니다.

 클래핑

마사지 방법

다섯 손가락을 딱 붙인 상태에서 손바닥에 달걀이나 탁구공을 쥔 것처럼 동그란 모양을 만듭니다. 이 상태로 클래핑을 하면 손과 반려견의 몸 사이에 공기가 차게 돼 특유의 공콩거리는 소리가 납니다. 클래핑을 할 때 손은 번갈아 사용하며, 손의 가장자리가 반려견의 피부에 닿도록 합니다. 타닥타닥 소리가 날 정도로 약한 강

도로 빠르게 몸을 두드리면 됩니다. 마사지를 할 때는 팔을 몸통에서 떼고 팔꿈치를 굽힌 상태로 하는 것이 좋습니다.

기대 효과

반려견의 몸에 힘이 없어서 늘어지거나 흐느적거릴 때 특히 유용합니다. 클래핑은 마사지 부위에 자극을 주어서 해당 부위에 순환을 촉진시킵니다. 넓은 부위를 마사지해주면 온몸에 치유 효과를 줄 수 있습니다. 또한 근육에 분포한 신경들의 활성을 돕고, 근육의 탄력성을 증가시키며 근육을 강화합니다.

클래핑은 호흡기계에도 효과가 좋습니다. 사람도 감기에 걸려 가래가 끓을 때, 다른 사람이 등을 두드려주면 편안해질 때가 있습니다. 이처럼 호흡기계에 가래와 같은 분비물이 많아졌을 때 클래핑을 해주면, 분비물을 배출하는 데 도움이 됩니다. 흉부의 등 쪽과 옆쪽에서 클래핑을 해주는 것을 쿠파주coupage라고 하며, 호흡을 개선하는 효과가 있습니다.

파운딩

마사지 방법

파운딩 기법으로 마사지를 할 때는 주먹을 가볍게 쥐고, 손목은 늘인다는 느낌으로 쭉 펴줍니다. 팔꿈치는 90°가 되게 유지하고 팔을 몸통에서 뗀 상태로 마사지합니다. 새끼손가락이 있는 바깥면이 반려견의 몸에 닿도록 하여, 가벼운 강도로 반려견의 몸을 빠른 속도로 두드려줍니다. 양손을 번갈아 가며 두드리면서 마사지합니다.

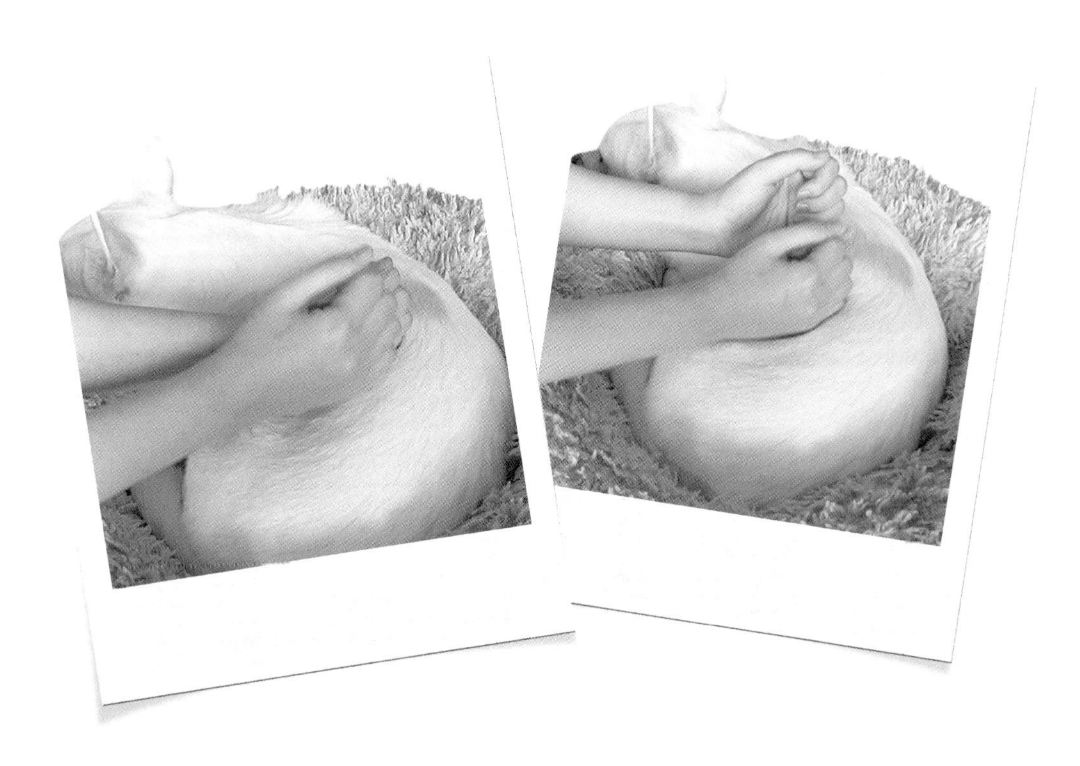

기대 효과

전반적인 기대 효과는 클래핑 기법을 적용할 때와 비슷합니다. 약한 강도로 할 때는 표면 조직에 영향을 주고, 약간 센 강도로 마사지를 하면 근육에 더 영향을 줍니다. 너무 센 강도로 하면 오히려 몸이 상할 수 있으니, 반려견이 편안함을 느끼는 정도로만 마사지를 수행합니다.

해킹

마사지 방법

해킹 기법을 할 때는 손가락에 힘을 빼고 편안한 상태로 펴고, 손목은 늘인다는

느낌으로 완전히 펴줍니다. 팔꿈치는 되도록 90° 로 굽힌 상태를 유지합니다. 손을 수직으로 세워서 새끼손가락과 손바닥의 바깥면으로 반려견의 몸을 가볍게 두드려줍니다. 손가락 사이를 벌린 상태로 새끼손가락의 힘만 이용해도 되지만, 강도를 더 올리고 싶을 때는 나머지 손가락을 붙여서 지탱하는 힘을 이용해도 좋습니다. 강도를 제일 낮추려면 손바닥을 제외하고 새끼손가락 바깥면만을 이용해서 마사지를 합니다.

해킹 기법을 적용할 때도 양손을 번갈아 사용하면서 빠른 속도로 마사지해줍니다. 손목의 스냅과 회전력을 이용해서 두드려주며, 주로 옆 방향으로 움직이면서 마사지를 진행합니다.

기대 효과

전반적인 기대 효과는 클래핑 기법과 파운딩 기법을 적용할 때와 비슷합니다. 긴장이 느껴지는 근육 부위를 풀어주는 데 탁월합니다. 반려견의 엉덩이 부위가 뭉쳐 있을 때 해킹 기법을 적용하면 좋습니다. 반대로 근육이 약해져서 힘이 없는 부위를 자극하는 데에도 유용합니다. 두드리면서 생긴 압력 차이로 순환과 대사가 촉진되고, 몸이 따뜻해집니다.

07

꾹 누르는, 프릭션

프릭션friction은 지그시 누르는 방식의 마사지 기법으로, 마찰법이라고도 합니다. 반려견의 근육이 많이 유착됐거나, 특정 부위가 많이 뭉치거나 긴장됐을 때 사용하면 좋은 방법입니다. 프릭션에는 전통 프릭션tranditional friction 마사지 기법과 딥 트랜스버스 프릭션deep transverse friction 마사지 기법이 있습니다. 딥 트랜스버스 프릭션은 정형의학과 도수 치료에 큰 업적을 남겨 '정형외과의 아버지'로 불리는 영국의 의사 제임스 시리악스James Cyriax가 고안한 기법이며, 크로스 프릭션cross-friction 마사지라고도 불립니다.

전통 프릭션

마사지 방법

전통 프릭션 마사지 기법은 적용 범위가 작습니다. 마사지를 해줄 부위에 가상의 점이 있다고 생각하고 접근합니다. 주로 유착이 심하거나 근육이 뭉친 부위에 해주면 좋습니다. 엄지 또는 다른 손가락 끝부분을 이용해서 마사지를 합니다. 바깥

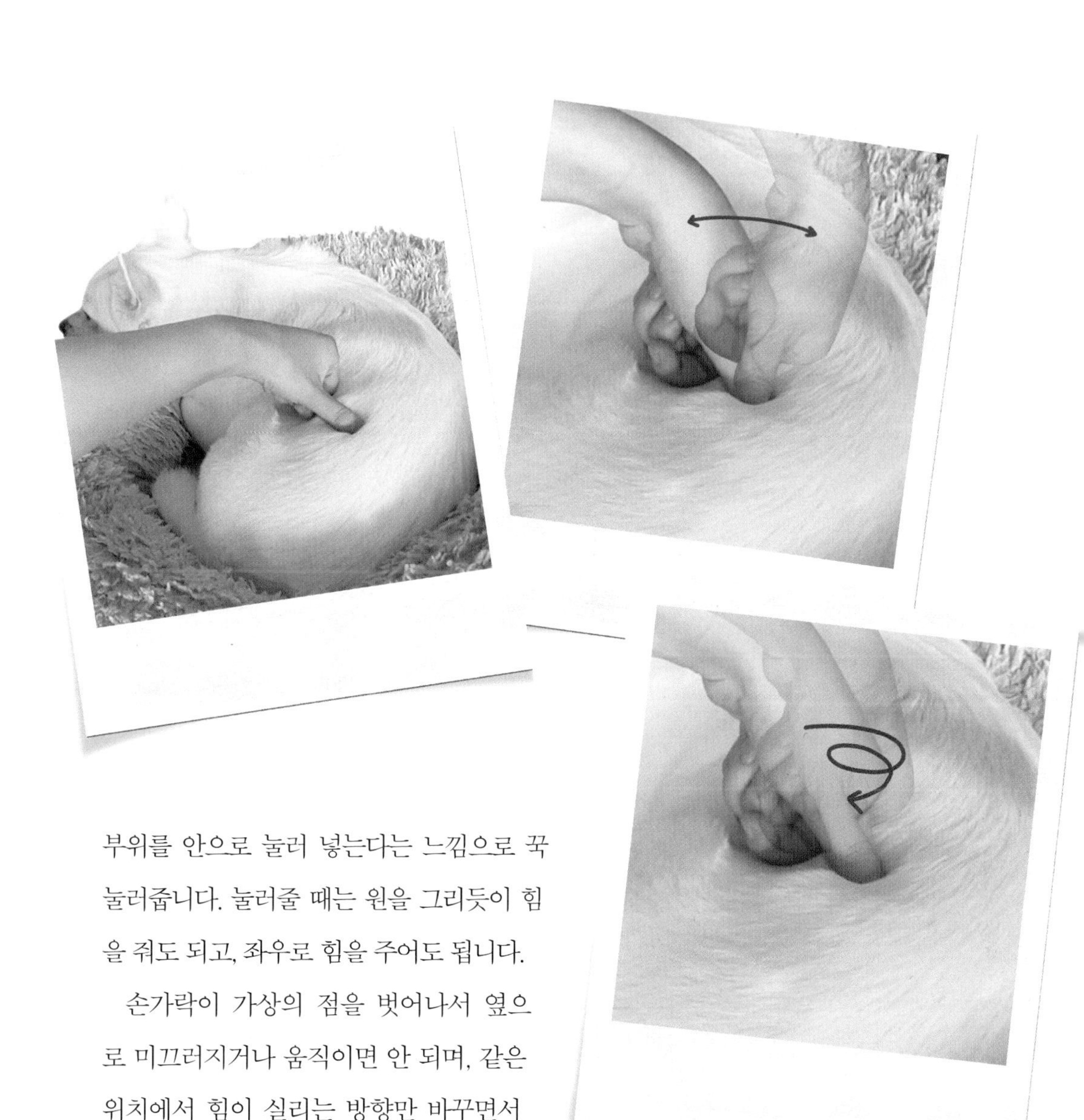

부위를 안으로 눌러 넣는다는 느낌으로 꾹 눌러줍니다. 눌러줄 때는 원을 그리듯이 힘을 줘도 되고, 좌우로 힘을 주어도 됩니다.

손가락이 가상의 점을 벗어나서 옆으로 미끄러지거나 움직이면 안 되며, 같은 위치에서 힘이 실리는 방향만 바꾸면서 누르듯 마사지를 합니다. 좌우로 힘을 줄 때는 같은 압력을 유지하는 것이 정석입니다. 반면 원형으로 힘을 줄 때는 점차 깊어지면서 힘을 강하게 주어 깊은 조직에까지 압력이 전달되게 합니다. 접촉부위가 적기 때문에 상대적으로 적은 힘을 주더라도 마사지 부위는 힘을 세게 받을 수 있습니다. 과도한 힘을 주지 않도록 주의하며, 반려견이 아파하지 않는 범위 내에서 보통 수준의 힘으로만 수행해야 합니다.

기대 효과

근육 유착 부위를 해소하는 데 탁월한 효과가 있습니다. 안 좋은 부위를 집중적으로 관리해줄 수 있다는 것이 장점입니다. 마사지 부위의 순환을 집중적으로 촉진하며, 화학적 노폐물의 배설도 원활해져서 근육과 힘줄의 회복에 도움이 됩니다. 마사지 부위의 유동성을 집중적으로 회복시키는 효과가 있습니다.

딥 트랜스버스 프릭션

마사지 방법

전통 프릭션 마사지와 마찬가지로 마사지를 해줄 부위에 가상의 점을 설정합니다. 딥 트랜스버스 프릭션 마사지는 유착, 손상, 통증이 있는 근육에 적용해도 좋지만 힘줄이나 인대에 적용해도 효과가 좋습니다. 검지와 중지의 끝을 가상의 점에 수직으로 대고 중간 정도의 압력으로 누르면서 힘을 전달합니다. 손가락이 가상의 점을 벗어나지 않도록 주의하고, 수직으로 움직여야 합니다. 손가락 끝이 닿아 있는 피부를 깊이 끌고 내려간다는 느낌으로 하면 좋습니다. 동작은 1세트당 10회 반복하며, 총 3~10세트를 합니다. 1세트인 10회를 마친 다음에는 스트로킹 마사지를 해서 반려견이 편안한 상태를 유지할 수 있도록 도와줍니다.

기대 효과

근육에 손상을 입은 반려견에게 효과가 좋습니다. 손상을 회복하는 과정에서 결합조직이 생겨나는데, 근육 내 상처가 어느 정도 아물었을 때 딥 트랜스버스 프릭

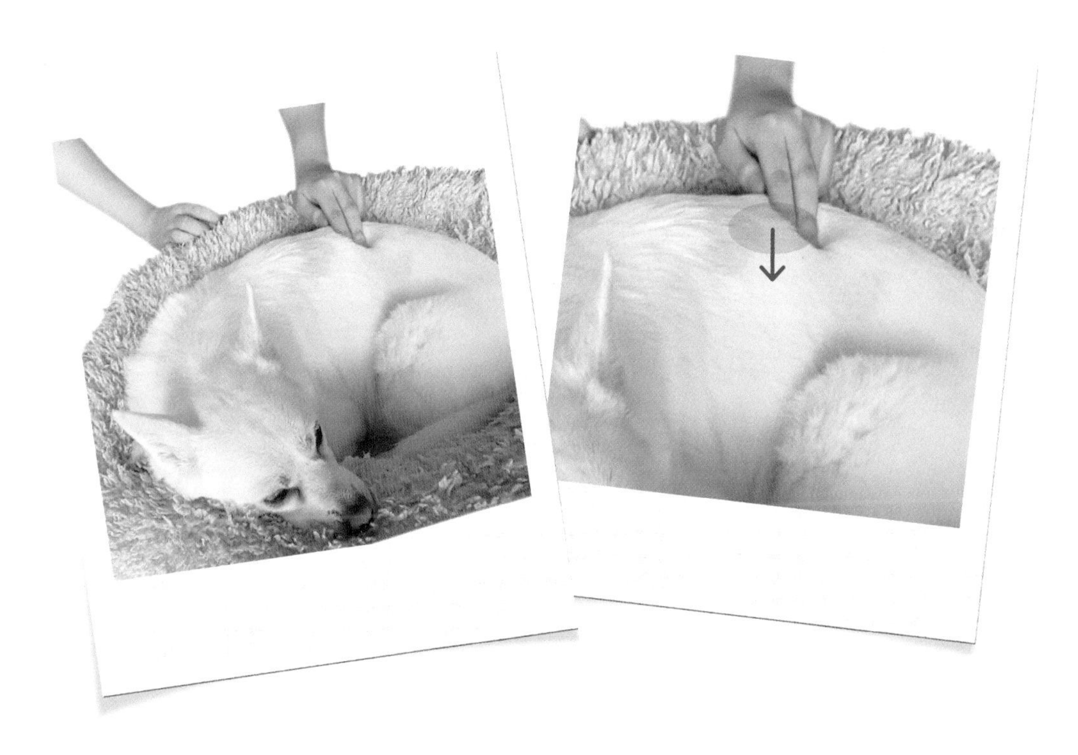

션 마사지를 해주면 수축성이 떨어지는 섬유조직을 정돈해주고 조직이 과도하게 자라나는 것을 방지합니다. 좁은 범위를 집중적으로 마사지하는 방법이기에 해당 부위의 순환을 집중적으로 촉진해주고, 유착을 없애서 유동성을 회복하는 데 도움을 줍니다. 딥 트랜스버스 프릭션 마사지는 근육뿐만 아니라 인대나 힘줄의 긴장을 풀고 회복을 촉진하는 데에도 효과적입니다.

다양한
마사지 방법

01
트리거 포인트 테라피

마사지를 받다 보면 눌렀을 때 아프지만 몸이 풀린다는 느낌이 드는 부위가 있습니다. 더 눌러줬으면 좋겠다는 생각이 드는 바로 그 시원한 부위가 트리거 포인트trigger point일 수 있습니다. 트리거 포인트는 통증을 유발하는 지점을 말합니다. 반려견의 트리거 포인트도 찾아서 적절히 풀어주는 것이 좋습니다.

트리거 포인트는 어떻게 생겨날까?

트리거 포인트는 '통증 유발점'이라고도 부르며, 근육이 손상됐을 때 생겨납니다. 근육이 과도하게 자극을 받으면 근섬유 일부가 수축한 상태로 멈춰버려서, 짧고 넓은 매듭 모양처럼 됩니다. 손상이 지속되거나 반복되면 이런 매듭 형태들이 많아지면서 작은 덩어리처럼 만져지는 트리거 포인트가 생겨납니다.

트리거 포인트는 수축된 경직 상태이기에 이 부위에서는 혈액 순환이 원활하지 않으며, 산소가 부족해지면서 통증이 발생합니다. 그리고 통증 신호가 점차 주위로 퍼져 나가면서 트리거 포인트가 아닌 부위도 아파지는 연관통이 발생합니다.

몸 어딘가에 통증이 있으면 그 부분을 잘 안 쓰게 됩니다. 연관통이 발생하면 마찬가지로 반려견도 그 부위를 잘 움직이지 않게 되고, 잘 움직이지 못하면 근육이 약해집니다.

트리거 포인트는 근육에 무리를 주는 상황에서 생겨납니다. 주로 관절염이나 근골격계 문제가 원인이 되며 과도한 운동, 피로, 추위, 디스크, 스트레스, 수술, 외상이 있을 때도 발생합니다. 그 밖에 신장 결석이나 췌장염 때문에 통증과 근육 긴장이 지속되는 경우에도 몸통 근육에 트리거 포인트가 생겨날 수 있습니다.

트리거 포인트를 발생시킨 원인이 해결되면 트리거 포인트도 사라질까요? 꼭 그렇진 않습니다. 원인이 해결되더라도 트리거 포인트는 여전히 남아 계속 다리를 절뚝거리거나 아파할 수 있습니다. 통증 때문에 잘 쓰지 않아 근육이 짧아지거나 힘이 약해져서 관절 움직임이 조금 틀어질 수 있고, 신경계를 거쳐 다른 부위에까지 통증이 확산되기 때문입니다. 이런 상황이면 트리거 포인트 존재 자체가 근육에 무리를 주어 이차적으로 트리거 포인트를 발생시킬 수도 있습니다. 그러므로 트리거 포인트가 생겼다면, 발생 원인은 물론 트리거 포인트도 관리해야 합니다.

 트리거 포인트를 찾는 방법

트리거 포인트는 단단한 덩어리 모양으로 만져집니다. 몸의 어디에도 존재할 수 있는데, 주로 근육의 가운데 부위에서 확인됩니다. 반려견이 평소 불편해하던 부위를 중심으로 집중해서 살펴보면 트리거 포인트를 조금 더 쉽게 찾을 수 있습니다. 근육을 깊게 잘 만져보면 단단하게 뭉쳐진 부위를 느낄 수 있을 것입니다. 트리거 포인트는 민감한 부위라서 세게 누르면 반려견이 아파서 예민하게 반응하거나 반사적으로 물려고 할 수도 있으니, 반려견의 반응에 주의를 기울여야 합니다.

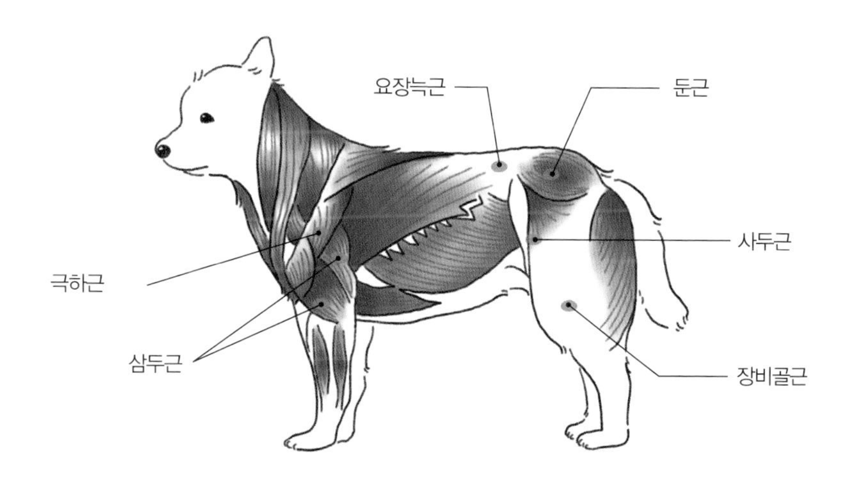

개의 트리거 포인트는 극하근, 삼두근, 요장늑근, 둔근, 사두근, 장비골근 등에 있기 쉽습니다. 이 밖에도 척추 주위 근육에서도 종종 확인됩니다. 가장 좋은 것은 반려견에게 홈 마사지를 해주면서 트리거 포인트를 직접 찾는 것이지만, 찾기 어렵다면 트리거 포인트가 발생하기 쉬운 지점들을 중점적으로 살펴보는 것도 괜찮습니다.

트리거 포인트 테라피의 종류

트리거 포인트 테라피에서는 다양한 물리치료 방법을 적용합니다. 침습적인 방법으로는 약침, 건침 치료가 있으며, 비침습적인 방법으로는 스트레칭, 마사지, 레이저, 초음파 등이 있습니다. 이 중 스트레칭과 마사지는 가정에서도 적용해볼 수 있습니다.

트리거 포인트는 휴식을 취해주면 점점 사라지기도 하지만, 장기간에 걸쳐 생긴 트리거 포인트는 수개월이 지나도 없어지지 않으므로 꾸준히 마사지해서 풀어주어야 합니다. 트리거 포인트 자체가 근육 일부가 수축한 상태이기 때문에, 이 부위의 근육은 완전히 이완된 상태일 때보다 짧아져 있습니다. 근육을 원래 길이로 늘여준다는 느낌으로 조심스럽게 스트레칭을 시켜주면 좋습니다. 근육 스트레칭은 트리거 포인트의 발생을 예방하는 방법이기도 합니다.

트리거 포인트 마사지 방법

트리거 포인트에 주로 적용하는 마사지 방법은 트리거 포인트 프레셔 릴리즈Trigger Point Pressure Release, TPPR로, 트리거 포인트에 압력을 줬다가 풀어주는 방법입니다. 트리거 포인트를 손가락으로 조심스럽게 20초 정도 압박했다가 10초 정도 풀어주기를 3~4회 반복합니다. 살며시 눌러준다는 느낌으로 압박하면 충분하므로 과도한 압력을 주지 않도록 주의합니다.

트리거 포인트는 혈액 순환이 정체돼 산소가 부족한 지점입니다. 압력을 주면 혈액의 흐름이 일시적으로 끊겨 산소 공급이 더 부족한 상황이 됩니다. 이처럼 근근이 공급되던 혈액마저도 끊어버리면, 살려달라는 몸부림인 반사작용이 활발하게 일어납니다. 그럴 때 압력을 풀어주면 혈액이 원활하게 공급되면서 치유가 촉진됩니다. 트리거 포인트 마사지는 통증을 감소시켜주고, 근육의 유동성도 강화해줍니다.

02

경락 지압

몸에는 12경락이 존재합니다. 경락은 에너지인 기와 혈이 순환하는 일종의 통로와 같은 개념입니다. 경락 중에서도 에너지가 잘 괴는 곳이 있는데, 이를 경혈 또는 혈자리라고 합니다. 경락 지압acupressure은 혈자리를 지그시 눌러주는 방법으로 혈자리를 자극해서 오장육부가 잘 기능하도록 도와줍니다. 또한 통증을 줄여주며 몸의 순환 기능을 촉진합니다.

고대부터 치료에 사용되어온 침술과 지압

침술acupuncture은 혈자리를 침으로 자극해서 오장육부가 잘 기능하도록 도와주는 방법입니다. 고대 중국에서 시작됐으며 동물을 치료하는 데에도 4,000여 년 동안 사용됐습니다. 중국의 가장 오래된 전통의학 서적인 『황제내경』의 「영추」 부분에서도 침술을 자세히 다루고 있습니다.

침술과 지압은 현재도 동물을 치료하는 데 사용되고 있으며, 특히 통증을 완화하는 데 도움이 되는 방법입니다. 침술에는 마른 침을 이용하는 건침, 건강에 좋은 성분을 주사해주는 약침, 전기를 이용하는 전침, 레이저를 이용하는 방법 등이 있습니다. 침술을 가정에서 적용하긴 어렵습니다. 자칫 잘못했다가는 다칠 수도 있으니 침술을 적용하고 싶을 때는 동물병원에서 전문적인 치료를 받아야 합니다.

반면 경락 지압은 침을 놓는 부위에 침 대신 손으로 압력을 주는 방법입니다. 효과는 침술에 비해서 떨어지지만 혈자리를 알면 별다른 부작용이 없으므로 집에서도 시도해볼 수 있습니다. 지압을 할 때는 혈자리마다 1~5분 정도 지그시 눌러줍니다.

과학적으로 입증된 침술과 지압의 효과

침술과 지압의 효과는 오랜 시간 경험적으로 증명되어왔습니다. 근래에는 이를 과학적으로도 증명하려는 연구가 많이 수행됐습니다. 혈자리가 어떤 곳에 있는지 연구한 결과, 피부에서 통증 등의 감각 전달을 담당하는 신경세포의 끝 부위인 자유신경종말점에 주로 존재한다는 사실이 밝혀졌습니다.

그래서 혈자리를 자극하면 β-엔도르핀, 세로토닌과 같은 신경전달물질의 분비가 촉진되어 긍정적인 효과가 나타나게 됩니다. 특히 진통 효과가 어느 정도 있기 때문에 근골격계에 통증이 있을 때 좋습니다. 면역체계와 근육, 관절, 뼈를 강화하는 효과도 기대할 수 있습니다. 또한 혈자리를 눌러주면 고여 있던 노폐물이 빠져나가면서 순환이 촉진됩니다. 이러한 효과들이 있기에 관절염이나 디스크 등의 질환뿐만이 아니라 식욕 감소, 복통 등의 소화기계 문제 등 다양한 질병에 지압이 도움이 될 수 있습니다. 하지만 지압만으로 질병을 치료할 수 있는 것은 아니므로 동물병원에서 치료를 받으면서 홈케어를 병행하도록 합니다.

경락을 따라 흐르는 기와 혈이 제대로 순환하지 못하면 아프게 되므로, 혈자리를 자극해서 기와 혈의 흐름을 순조롭게 해주면 건강에 이롭다는 것이 전통 수의학의 관점입니다. 지압이 이러한 효과를 내려면 혈자리의 정확한 위치를 찾는 것이 중요합니다. 근골격계에 대한 기본적인 이해가 필요하며, 자세히 살펴보고 제대로 된 위치에 적용하고자 노력해야 합니다.

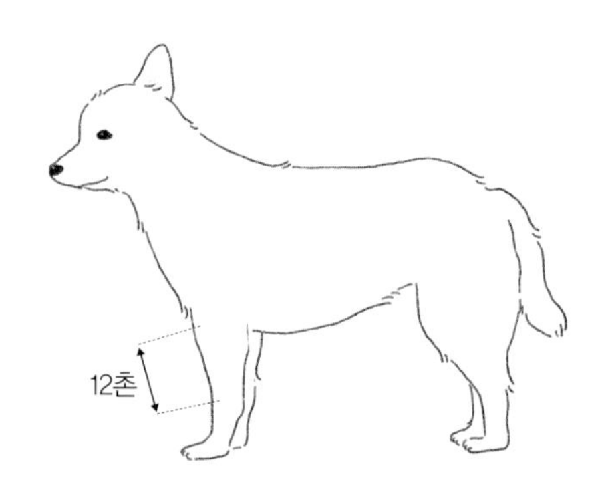

혈자리를 찾을 때는 촌寸이라는 단위를 많이 사용하는데, 반려견은 몸집이나 다리 길이가 저마다 달라서 촌의 길이도 상대적입니다. 팔꿈치에 해당하는 앞다리 무릎관절에서 발목에 이르는 부위가 12촌입니다. 이 길이를 재서 12로 나누면, 반려견에게 맞는 1촌의 길이를 가늠할 수 있습니다.

지압을 해주면 혈자리 인접 부위에도 좋지만, 경락으로 연결된 멀리 있는 부분까지도 효과를 볼 수 있습니다. 예를 들어 족삼리는 무릎에 있지만, 소화기계에도 좋은 영향을 줍니다. 다만 지압이 모든 병을 낫게 해주는 것은 아니라는 점을 기억하고, 반려견에게 홈케어를 해줄 때 보조적으로 활용하도록 합니다.

❶ 용천

위치

뒷다리 발바닥에 있는 가장 큰 패드의 중앙 아래 부위입니다.

기대 효과

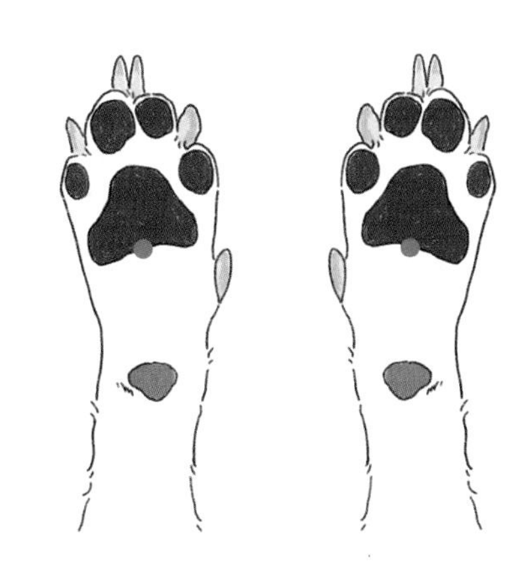

반려견이 의식을 잃고 쓰러졌을 때 눌러주면 어느 정도 도움이 되는 혈자리입니다. 하지만 용천을 지압한다고 해서 바로 문제가 해결되고 의식이 돌아오는 것은 아닙니다. 의식을 잃었을 때는 원인에 따른 응급처치가 필요하기에 바로 동물병원에 가야 합니다.
용천 지압은 열사병, 만성 피로, 변비, 요실금에도 좋습니다.

❷ 족삼리

위치

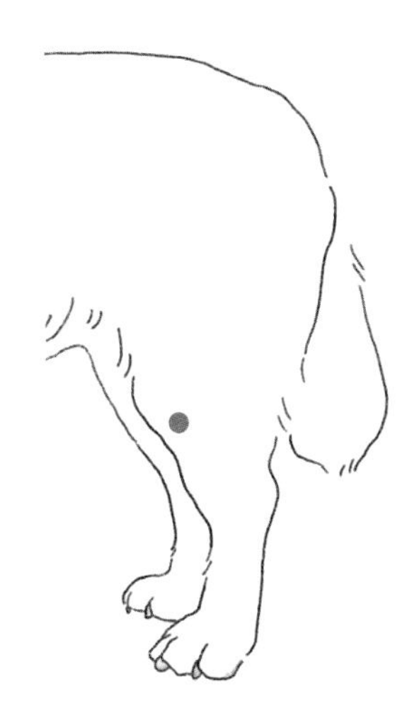

뒷다리 무릎관절의 슬개골 근처에 있습니다. 족삼리의 위치를 찾기 전에 독비의 위치를 잡아야 합니다. 독비는 뒷다리 무릎뼈(슬개골)의 바깥쪽, 아래쪽에 있습니다. 해부학적으론 무릎뼈 아래, 무릎인대 바깥쪽의 다소 들어간 부위입니다. 족삼리는 뒷다리의 앞쪽 바깥면에 있으며 독비에서 아래쪽으로 3촌, 바깥쪽으로 0.5촌에 위치합니다. 무릎 뼈 아래에서 발목까지 길이의 1/4 정도만큼 무릎에서 아래로 떨어진 부위입니다.

기대 효과

무릎관절에 통증이 있을 때 가볍게 눌러주면 좋습니다. 너무 세게 누르지 않도록 주의합니다. 뒷다리가 약해졌을 때도 도움이 됩니다. 소화기계와 복부를 관장하는 중요한 혈자리로 구토, 식체, 변비, 설사 등의 소화기계 문제가 있을 때 좋습니다. 몸에 기운이 없거나 기가 허할 때 전반적으로 면역력을 증강하는 데 도움을 줍니다.

❸ 양릉천

위치

뒷다리 무릎의 바깥쪽에 있습니다. 무릎에서 발목까지 이르는 부위에 있는 뼈 중 바깥쪽 뼈를 종아리뼈(비골)라고 하는데, 종아리뼈의 가장 위쪽 울퉁불퉁한 부위 중 살짝 들어간 부위입니다.

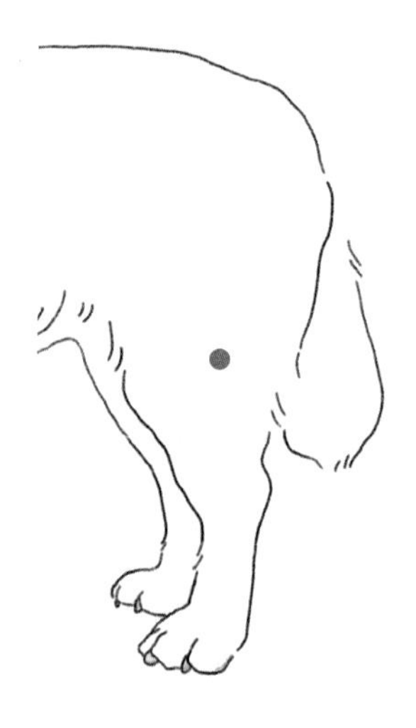

기대 효과

디스크와 무릎 관절에도 좋고, 뒷다리가 약해졌을 때 눌러주면 좋습니다. 그 밖에 간이나 쓸개 질환, 고혈압, 구토에 유용합니다.

❹ 합곡

위치

사람은 소화가 잘 안 되거나 식체를 했을 때 엄지와 검지 사이의 손바닥을 누르거나 이 부위를 바늘로 따곤 합니다. 개는 앞다리의 첫 번째 발가락이 며느리발톱으로 퇴화되어 앞발의 발가락 수가 네 개로, 가장 안쪽에 있는 발가락이 사실은 두 번째 발가락입니다. 따라서 개의 합곡은 두 번째 발가락과 세 번째 발가락 사이에 있습니다. 한 가지 주의할 점은 개는 사람으로 치면 항상 까치발을 하고 다니는 셈이라는 것입니다. 사람의 손바닥에 해당하는 부위가 반려견의 발바닥 패드 부분이 아니라 지면에서부터 발목에 이르는 부위가 되지요. 즉 앞쪽에서 두 번째와 세 번째 발가락 사이를 타고 올라와서, 지면과 발목의 중간 정도 부위가 합곡입니다.

기대 효과

고열, 몸 전체에 통증이 있을 때 좋은 자리입니다. 특히 얼굴과 입을 관장하는 혈자리로 콧물, 코피, 얼굴 마비, 치통을 완화하는 데 효과가 좋습니다.

❺ 곡지

위치

앞다리 굽이 관절, 즉 팔꿈치 관절 주위에 있습니다. 팔꿈치를 접으면 앞다리 앞쪽으로 주름이 생기는데, 이 주름의 바깥쪽 끝을 말합니다.

기대 효과

곡지가 있는 앞다리 굽이 관절에 좋습니다. 앞다리 통증, 어깨 관절, 앞다리 굽이 관절의 통증을 완화해줍니다. 또한 몸에 열이 날 때 눌러주면 도움이 되고 그 밖에 포도막염, 치과 질환, 고혈압, 발작, 복통, 구토, 설사, 변비에도 좋다고 알려져 있습니다.

❻ 수삼리

위치

앞다리 굽이 관절에 있는 곡지에서 2촌 아래에 있습니다. 앞다리 발목에서 앞다리 굽이 관절까지가 12촌이므로, 앞다리 굽이 관절에서 아래쪽으로 12촌의 1/6만큼 떨어진 곳을 찾아도 됩니다. 요골쪽앞발목펴짐근과 공통앞발가락펴짐근 사이의 작은 골에 있습니다.

기대 효과

몸이 안 좋거나 온몸에 힘이 없을 때 적용하면 기운을 차리는 데 도움이 됩니다. 앞다리에 있는 혈자리로, 앞다리에 통증이 있거나 앞다리를 절 때 이곳을 지압해주면 좋습니다. 그 밖에 복통, 설사에 도움이 되고 치통, 잇몸의 염증 등 구강에 생긴 염증에 좋습니다.

❼ 척택

위치

앞다리 굽이 관절 주위에 있습니다. 팔꿈치 관절을 접으면 앞다리 앞쪽으로 주름이 생기는데, 이 주름의 내측 부위를 말합니다.

기대 효과

몸에 열이 날 때 척택을 지압해주면 좋습니다. 천식, 기침, 폐렴이 있거나 짖으면 거친 쉰 소리가 날 때 지압해주면 호흡기계에 도움이 됩니다. 어깨와 앞다리 무릎 통증을 완화하며 설사나 피부 질환에도 좋습니다.

03
티터치 마사지

티터치T-touch 마사지는 창시자인 린다 텔링턴-존스Linda Tellington-Jones의 이름을 따서 텔링턴 터치Tellington touch라고도 부릅니다. 티터치의 'T'에는 '가르친다teach'라는 중의적인 의미도 있습니다. 티터치는 세포를 깨우고 에너지를 채우는 힘이 있는 마사지이며, 정확한 해부학적 지식이 없어도 쉽게 적용해볼 수 있습니다. 티터치를 적용하면 스트레스와 긴장이 해소되므로 반려견의 웰빙에 도움이 됩니다. 반려견의 교육에도 도움이 되며, 반려견과 보호자의 관계 개선에도 좋은 영향을 줍니다.

티터치 마사지의 강도

티터치를 할 때 압력의 세기는 1에서 9까지 나뉩니다. 적절한 압력을 배우려면 강도 1부터 익혀야 합니다.

강도 1의 기준을 익히기 위해서, 엄지손가락을 뺨에 갖다 댑니다. 그리고 중지의 끝으로 눈꺼풀 주위의 피부를 1과 1/4 바퀴 정도 최대한 가볍게 마사지해봅니다. 단순히 스치는 것이 아니라 피부가 움직이도록 해야 합니다. 빰에서 손을 떼고 팔에 똑같은 동작을 반복하면서 압력을 느껴봅니다. 피부가 어느 정도 깊이로 눌리는지 확인하면서, 강도 1의 세기와 깊이를 익혀봅니다.

강도 3을 익히기 위해서, 엄지손가락을 빰에 대고 편안하고 안락한 느낌이 들 정도의 세기로 눈꺼풀 주위 피부에 원을 그려봅니다. 같은 동작을 팔에서 반복하면서 눌리는 깊이와 압력을 느껴봅니다. 강도 3은 강도 1보다는 세지만 여전히 가벼운 압력입니다.

강도 6은 강도 3보다 두 배로 깊게 누르는 것입니다. 반려견에게 티터치 마사지를 할 때는 강도 6보다 더 세게 누르지는 않습니다. 특히 소형견에게는 가벼운 압력으로 티터치 마사지를 해줘야 합니다. 덩치가 크거나 근육량이 많은 동물 역시 가벼운 압력만으로도 충분한 효과를 볼 수 있지만, 이 경우에는 조금 더 깊은 압력을 적용해도 괜찮습니다. 세게 누르면 더 좋다고 생각하기 쉬운데, 그렇지는 않습니다. 반려견이 편안해하는 정도까지만 눌러주는 것이 좋습니다. 움찔하거나 불편해한다면, 마사지를 멈추거나 강도를 약하게 해야 합니다.

티터치를 해주다 보면 어느 정도 강도로, 어디를 마사지해야 할지 점점 감이 잡힙니다. 티터치는 반려견과 보호자의 유대감을 높여주고 협력을 강화해주며, 반려견만이 아니라 보호자에게도 도움이 되는 마사지입니다.

원형 티터치

원형 티터치circular T-touch는 세포의 생명력을 강화하는 마사지로, 원을 그리듯 마사지해주는 방법입니다. 원형 모양 하나하나가 완결성을 의미합니다. 엄지손가락 끝을 반려견의 몸에 댄 뒤, 머릿속으로 피부 위에 지름 1.3~2.5cm 정도인 시계

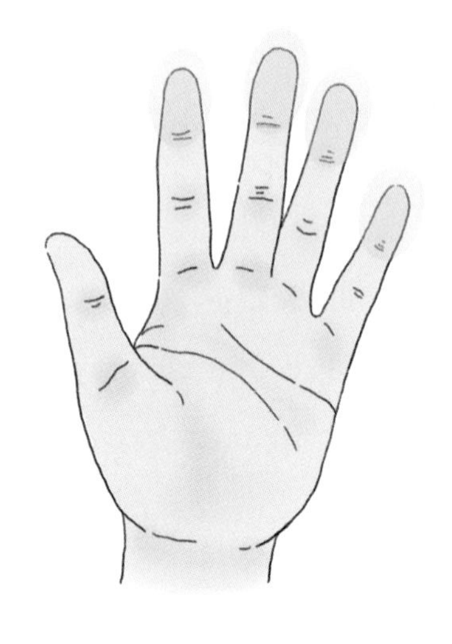

모양의 원이 있다고 상상합니다. 가운뎃손가락의 끝이 시계의 6시 부분이라고 상상하고, 엄지손가락을 제외한 나머지 네 손가락 끝으로 원을 그리듯 1과 1/4 바퀴를 움직여 마사지해줍니다.

원을 그릴 때는 주로 시계 방향으로 그립니다. 때로 반시계 방향이 효과적인 경우도 있지만, 시계 방향이 몸을 강화하고 재활하는 데 효과적이며 자신감을 향상시키는 데에도 좋기 때문입니다.

반대 손으로는 반려견의 몸을 조심스럽게 보조해주거나, 원을 그리는 부위의 반대편을 지탱해줍니다. 원을 다 그린 뒤에는 무작위로 다른 지점으로 이동하면 됩니다. 아니면 가상의 선을 따라서 이동해도 좋습니다. 마사지를 하는 사람과 반려견 모두 편안함을 느낀다면, 이완된 상태 그대로 믿음을 갖고 마사지를 계속하면 됩니다. '나와 내 반려견은 행복을 느끼고 있다'라는 자각과 의식을 가지면 마사지를 수행하는 데 도움이 됩니다.

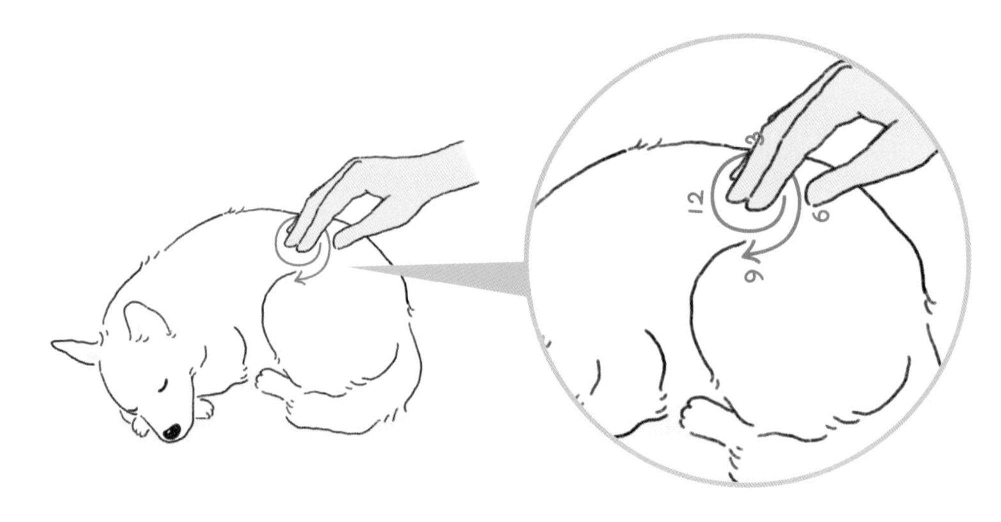

귀 티터치

귀에는 혈자리가 많이 분포해 있으므로 귀 티터치ear T-touch 마사지를 해주면 좋습니다. 한 손으로 반려견의 턱을 조심스럽게 받쳐주고 반대 손으로 귀를 마사지해줍니다. 이때 엄지손가락은 털이 있는 귀 바깥쪽에 대고, 나머지 손가락은 귀 안쪽에 댄 상태로 귀를 가볍게 잡습니다. 그리고 엄지손가락으로 귀의 밑부분부터 위쪽으로 밀어내듯이 마사지를 해줍니다. 스트로킹을 하듯이 부드럽게 여러 번 반복하여 마사지합니다.

귀에 원형 티터치를 적용해줄 수도 있습니다. 몸에 적용하는 원형 티터치와 같지만 원을 조금 더 작게 그립니다. 귀뿐만이 아니라 귀 주위의 머리 부위에도 마사지를 해주면 긴장을 완화하는 데 도움이 됩니다.

04
아로마 테라피

아로마 테라피는 향기가 나는 꽃, 잎, 줄기에서 다양한 방법으로 추출한 에센셜 오일을 이용해서 몸의 치유를 돕는 방법입니다. 주로 향기를 맡게 하거나, 피부에 바르는 방법으로 적용합니다. 아로마 테라피는 반려견에게도 좋은 효과를 주는 것으로 알려져 있습니다. 그러나 개와 사람은 다르기에, 아로마 테라피를 반려견에게 적용할 때는 주의가 필요합니다.

 반려견에게 아로마 테라피를 할 때의 주의사항

아로마 테라피를 하기에 앞서, 반려견은 사람보다 체구가 훨씬 작다는 것을 기억해야 합니다. 사람에게 적용하는 양을 그대로 적용하면 반려견에게는 과도하게 많은 양이 됩니다. 최종적으로 사용되는 에센셜 오일의 양이 많지 않도록, 반드시 베이스 오일에 충분히 희석해서 사용해야 합니다.

보통 30ml(1oz)의 베이스 오일에 에센셜 오일 3~6방울 정도를 떨어뜨려 희석합니다. 처음에는 세 방울 정도만 섞어 연하게 사용하고, 적응 기간을 두고 조금씩 늘려가는 것이 안전합니다. 베이스 오일로는 식물성 오일, 아몬드 오일, 헤이즐넛 오일 등이 좋습니다. 반려견이 대형견이라면 체구가 크므로, 처음부터 여섯 방울 정도를 희석해도 좋습니다.

아로마 오일의 향기는 코의 후각 신경을 통해 뇌의 변연계를 자극하고 활성화 합니다. 뇌의 변연계는 해마, 편도체 등을 함께 일컫는 용어로 이 부위는 동기부여와 기억, 감정을 관장합니다. 반려견은 사람과 비교했을 때 후각이 굉장히 발달했기에 농축된 아로마 오일을 그대로 사용하면 자극이 지나치게 강해집니다. 사람이 맡기에는 향이 잘 나지 않는 정도가 반려견에게는 적절한 수준일 수 있습니다.

반려견에게 적용하는 에센셜 오일은 매우 적은 양이기 때문에 핥아 먹어도 문제가 되는 경우는 거의 없습니다. 하지만 발랐을 때 안전하다고 해서 먹어도 되는 것은 아닙니다. 반려견이 오일을 직접 먹지는 않도록 주의합니다.

반려견이 태어난 지 아직 10주가 지나지 않았을 때는 아로마 테라피를 하지 않아야 합니다. 10주는 지나야 가능한데, 너무 어리거나 나이가 많거나, 아픈 반려견에게는 더 희석해서 적용해주는 것이 좋습니다. 반려견이 경련을 일으킨 적이 있다면 아로마 테라피를 적용하면 안 됩니다. 뇌가 자극을 받아 경련이 더 심해질 수도 있으며, 특히 로즈메리는 경련하는 반려견에게 좋지 않습니다.

그 밖에도 드물지만 부작용이 나타날 수도 있습니다. 아로마 테라피를 적용한 후에 근육 경련, 체온 저하, 침 흘림, 구토, 이상한 걸음걸이를 보인다면 최대한 서둘러 동물병원에 가야 합니다.

반려견에게 좋지 않은 오일

페놀 함량이 높은 오일은 좋지 않습니다. 페놀이 많으면 간에 손상을 일으킬 수 있고, 신장 독성과 생식 독성을 일으킬 수 있으며 피부를 자극합니다. 아로마 테라피에 주로 사용되는 대표적인 페놀류로는 티몰thymol과 카바크롤carvacrol 등이 있는데, 오레가노oregano나 타임thyme의 에센셜 오일을 추출할 때 주로 사용됩니다. 오레가노와 타임은 향기 치료로 적용하면 호흡기계에 도움이 되기는 하지만, 페놀로 인한 독성이 있을 수 있기에 반드시 주의해야 합니다. 전문적인 아로마 테라피를 받을 때만 활용하고 가정에서는 사용하지 않는 편이 좋습니다. 만약 사용한다면 소량만 적용해줍니다.

또 한 가지가 케톤입니다. 케톤은 종류가 다양하며 그중에는 좋은 케톤도 있습니다. 그러나 일반적으로 케톤 함량이 높은 오일은 좋지 않습니다. 예를 들어 페퍼민트peppermint나 헬리크리섬helichrysum 오일에는 좋은 케톤이 조금 들어 있으므로 아로마 테라피에 적용하면 좋은 효과를 기대할 수 있습니다. 하지만 페니로열pennyroyal, 히솝hyssop, 튜자thuja에는 안 좋은 케톤 함량이 많아서 신경계 독성을 일으키거나 유산을 초래할 수 있습니다. 페니로열은 해충 기피제를 만들 때 사용하기도 하는데, 케톤류가 많은 페니로열은 신경계뿐만이 아니라 신장에도 독성을 보이므로 사용하지 않는 편이 좋습니다.

윈터그린wintergreen 오일도 반려견에게 별로 좋지 않습니다. 상큼한 효과를 원한다면 윈터그린 대신 페퍼민트를 적용하는 것이 좋습니다.

반려견에게 좋은 오일

❶ 라벤더 오일

라벤더lavender는 반려견을 위한 아로마 테라피에서 가장 많이 사용하는 대표적인 오일입니다. 흥분한 반려견을 차분하게 하는 진정 효과가 있습니다. 스트레스를 완화해주며 정서 안정에 효과적이어서 공격성을 감소시켜주고, 수면에도 도움이 됩니다. 피부의 가려움증을 해소해주며, 항균 효과도 있습니다. 멀미에도 효과가 좋습니다. 반려견을 차에 태우기 30분쯤 전 차에 라벤더 오일을 뿌려놓으면, 반려견이 멀미를 덜 느낍니다.

❷ 페퍼민트 오일

라벤더 다음으로 널리 쓰이는 오일입니다. 페퍼민트 오일을 고를 때는 케톤 함량이 낮은지 살펴봅니다. 케톤 함량이 낮을수록 부드럽고 순해서 반려견에게 적용하기 좋습니다. 페퍼민트는 순환을 촉진하므로 관절염이 있는 부위나 근육이 결리는 부위를 마사지할 때 함께 사용하면 좋습니다. 비슷한 이유로 통증이 있거나 가려운 곳에도 적용할 수 있습니다. 해충 방지 효과도 있으므로 페니로열 대신 해충 기피제로 이용해도 좋습니다.

❸ 헬리크리섬 오일

냄새는 별로 좋지 않지만, 효과는 정말 좋은 오일입니다. 피부에 특히 좋으며 진정, 재생, 염증 감소 효과가 있습니다. 진정 효과가 탁월하므로 척추 주위를 마사지할 때 헬리크리섬 오일을 사용해도 좋습니다.

❹ 니아울리 오일

니아울리niaouli 오일은 피부를 자극하지 않고 치유하는 효과가 있으므로 민감성 피부에 적용하면 좋습니다. 귀나 발 부위에 적용하면 효과를 기대할 수 있습니다. 물론 피부가 안 좋다면 동물병원에서 진료를 받는 것이 가장 중요합니다.

❺ 캐모마일 오일

캐모마일chamomile 오일은 피부에 발라주면 좋으며, 어떤 피부 타입에도 잘 맞습니다. 항균 효과가 뛰어나며, 쿨링 효과가 있어서 시원한 느낌을 주어 피로를 풀어줍니다. 향기도 좋아 심리적 안정 효과가 있으며, 진통이나 구토를 완화해주는 보조적인 효과도 있습니다.

아로마 마사지

아로마 테라피라고 하면 바로 아로마 마사지가 떠오를 정도로 '아로마'와 '마사지'는 시너지 효과를 발휘하며 함께 적용했을 때 궁합이 좋습니다. 향기도 맡을 수 있고, 피부를 통해서도 오일 성분이 잘 전달되기 때문입니다.

아로마 마사지는 피부 보습 효과가 있으며, 순환도 촉진해줍니다. 또한 심신 안정 효과가 있습니다. 반려견에게 아로마 테라피를 적용한 경험자들을 대상으로 한 연구에 따르면, 반려견의 긴장을 풀어주고 차분하게 해주었다는 긍정적인 반응이 많았습니다. 이렇듯 아로마 마사지는 반려견에게 좋은 기억을 심어주고, 보호자와 유대감을 증진하는 데에도 좋습니다. 티터치 마사지와 함께 적용하면 문제 행동을 개선해주는 효과도 있다고 합니다. 통증이나 염증 완화 등의 기대 효과도 있습니다.

아로마 마사지를 할 때 눈 주위, 코 주위 또는 생식기 주위와 같이 민감한 부위는 피하는 것이 좋습니다. 상처가 있는 부위도 자극이 되므로 피해야 합니다. 반려견의 아랫배와 발 등 털이 적은 부위에 주로 적용하는 편입니다. 털이 있는 피부에 아로마 오일을 바르면 지저분해질까 봐 적용을 꺼리는 테라피스트도 있는데, 미네랄 오일이 아닌 가벼운 타입의 식물성 오일, 아몬드 오일, 헤이즐넛 오일 등을 적용한다면 대부분 금방 흡수되니 털이 있는 부위에도 적용할 수 있습니다. 아로마 오일을 이용하면 마사지의 효과를 높일 수 있으므로 몸에도 발라서 마사지해주면 좋습니다.

반려견에게 아로마 마사지를 하기에 앞서, 희석한 에센셜 오일의 냄새를 맡게 해주고 반려견의 반응을 살펴봅니다. 호기심을 보이고 좋아한다면, 작은 부위에 조금만 발라준 뒤 이상 반응이 나타나진 않는지 10~15분 정도 지켜봅니다. 반려견이 구슬프게 짖거나, 침을 흘리거나, 토하거나, 체온이 떨어지거나, 가려워하며 바닥에 몸을 긁거나, 숨을 헉헉거리는 등 과민반응이 나타난다면 그 오일은 적용하지 말아야 합니다.

별다른 이상이 없다면 마사지에 사용할 오일을 손바닥에 1~2방울 떨어뜨려 비빈 뒤에 마사지를 진행합니다. 반려견을 부드럽게 쓰다듬어준다는 생각으로 하면 됩니다. 특히 스트로킹 마사지 기법과 티터치 마사지 기법이 아로마 마사지를 하기에 좋습니다.

진정 효과가 있는 오일은 지압을 할 때 함께 적용하기 좋습니다. 마찬가지 방법으로 손에 1~2방울 떨어뜨려 비빈 뒤에 지압점을 지그시 눌러주면 지압의 효과를 높일 수 있습니다.

아로마 오일을 이용해서 귀를 부드럽게 마사지해줘도 좋습니다. 귀 세정제로 사용하기 위해 만든 것이 아니라면 귀 안쪽으로 흘러 들어가지 않게 주의해야 합니다. 이때도 아로마 오일을 손에 1~2방울 떨어뜨리고 비빈 다음에 귀를 부드럽게 마사지합니다. 귀를 안쪽에서 원형으로 돌리듯이 부드럽게 마사지해주거나, 살짝 비비듯이 마사지해도 좋습니다.

05

냉찜질

냉찜질은 피부에 아이스팩이나 얼음을 대서 적용 부위의 온도를 낮춰주는 방법으로 냉동요법cryotherapy이라고도 합니다. 집에 안 쓰는 아이스팩과 냉장고만 있다면 쉽게 적용할 수 있으며, 다쳤을 때 통증과 부종을 완화하는 데 효과적입니다.

운동이나 산책을 하다가 반려견이 갑작스럽게 무리한 동작을 했거나 운동이나 산책 이후 약간 불편해 보인다면, 근육이나 인대에 손상을 입은 것일 수 있습니다. 냉찜질은 근육이나 인대에 갑작스러운 손상을 입었을 때 처음 24~48시간 이내에 적용하기 좋은 방법입니다.

 냉찜질의 다양한 효과

냉찜질을 하면 적용 부위의 온도가 내려가며, 이에 대한 반응으로 체온을 유지하기 위해서 냉찜질하는 부위의 혈관이 수축합니다. 혈관이 수축하면 혈류가 감소하면서 해당 부위의 열을 외부에 덜 뺏기게 되므로 체온 유지에 도움이 되기 때문입니다. 혈액에는 염증 세포들도 포함되어 있는데, 혈류가 감소하면 적용 부위에

도달하는 염증 세포의 수도 줄어들어서 염증을 완화하는 효과가 있습니다. 또한 혈액이 덜 들어오기 때문에 조직에 액체가 쌓여서 붓게 되는 부종도 덜 생깁니다. 온도가 내려가면서 조직의 손상을 가속화하는 효소들의 활성이 떨어지기 때문에 조직 손상도 더뎌집니다.

냉찜질은 통증도 개선합니다. 조직이 부어서 통증을 감지하는 부분을 누르면 압력 때문에 통증을 느낄 수 있는데, 부종이 감소하면 통증 또한 줄어듭니다. 온도가 내려가면서 신경전달 속도도 느려지고, 냉기를 느끼는 데 감각이 집중되어서 통증이 감소합니다.

냉찜질을 하면 세포의 대사 작용이 줄어들면서 세포를 손상시키는 물질도 감소하므로 세포를 보호해주는 효과가 있습니다. 근육을 강화하는 효과도 있어 운동 이후 근육통이 있을 때 냉찜질을 해주면 좋습니다.

냉찜질을 하면 안 되는 경우

피부의 감각이 저하된 부위, 피부에 상처가 있는 부위, 골절 부위에는 냉찜질을 하지 않는 것이 좋습니다. 그리고 체구가 작은 소형견이나 어린 강아지는 쉽게 저체온증에 빠질 수 있으므로 주의해야 합니다. 반려견의 나이가 어리거나 열사병에 걸렸다면 체온 조절 능력이 떨어지므로 냉찜질은 하지 않는 편이 좋습니다.

반려견이 열사병이라면 냉찜질을 하기보다는 몸에 물을 조금 적셔준 뒤 부채질을 하면서 되도록 빨리 동물병원에 가는 것이 좋습니다. 집에서 냉찜질을 해주다가 오히려 저체온증에 빠질 수도 있기 때문입니다.

동상에 걸린 부위에도 절대로 냉찜질을 하면 안 됩니다. 또한 고혈압이 있는 반려견에게도 냉찜질을 하지 않는 것이 좋습니다.

아이스팩을 이용한 냉찜질

아이스팩과 수건만 있으면 집에서도 쉽게 냉찜질을 할 수 있습니다. 아이스팩은 신선식품에 딸려온 것을 사용해도 되고, 냉찜질용 아이스팩을 구매해도 좋습니다. 다만 아이스팩에 에틸렌글리콜이 들어가는 경우도 간혹 있으므로, 아이스팩이 파손됐을 때는 반려견이 먹지 않도록 조심합니다. 반려견이 에틸렌글리콜을 먹으면 신장이 기능을 잃어 사망에 이를 수 있습니다. 아이스팩이 없다면 직접 만들어도 됩니다. 조각 얼음을 갈거나 잘게 부숴서 지퍼백과 같이 밀봉할 수 있는 주머니에 넣습니다. 또는 물과 소독용 알코올을 3:1 비율로 섞어서 지퍼백과 같이 밀봉할 수 있는 주머니에 넣어서 얼리면 슬러시 같은 얼음이 든 아이스팩이 됩니다.

아이스팩이 준비됐다면, 얇은 수건으로 감싸 반려견의 몸에 대주면 됩니다. 수건을 사용하면 위생적이고 몸에 직접 닿지 않기에 동상을 예방할 수 있습니다. 수건은 물에 적셔서 사용하면 적용 부위의 온도가 더 잘 내려가는 효과가 있습니다. 반려견의 털이 길고 풍성하거나, 살이 많이 찐 부위여서 온도가 잘 안 내려간다면 수건을 적셔서 사용하는 것이 더 좋습니다. 마른 수건을 사용해도 무방합니다.

집에서 아이스팩으로 냉찜질을 할 때는 10~20분 정도가 적당하며, 20분 이상은 하지 않는 것이 좋습니다. 맨 처음 냉찜질을 할 때는 5~10분 정도만 하면서 피부에 문제가 없는지 중간중간 살펴봐야 합니다. 냉찜질을 하고 나서 피부가 붉게 변하는 것은 정상적인 반응입니다. 하지만 피부가 창백해져 있으면 너무 오래 적용한 것으로 동상을 입을 수 있습니다. 냉찜질을 하는 도중 반려견을 살펴보면서 피부가 창백해졌다면 즉시 중단합니다.

반려견이 운동을 하다가 넘어지거나 침대에서 떨어지거나 등의 이유로 다쳤을 때는 우선 동물병원에 가서 치료를 받아야 합니다. 초동 대처로 병원에 가기 전 또는 가는 동안에 냉찜질을 10~15분 정도 해주고, 냉찜질 부위가 다시 따뜻해질 때까지 잠시 쉬었다가 10~15분 정도 하는 식으로 두 번 적용해주면 좋습니다.

진료를 받고 집으로 돌아왔을 때도 냉찜질이 도움이 됩니다. 다친 시점으로부터 24~48시간까지는 2~4시간 간격으로 10~20분 정도 해주면 됩니다.

냉찜질은 몸의 표면을 대상으로 하는 물리치료 방법으로, 적용 깊이가 최대 1~4cm 정도입니다. 오랜 시간 적용할수록 더 깊은 곳까지 효과를 미치기에, 동물병원에서 물리치료를 할 때는 손상 부위가 깊다면 냉찜질을 긴 시간 적용하기도 합니다. 지방이 많으면 열이 잘 안 통하기 때문에 이러한 점을 고려하여 적용 시간을 조절하기도 합니다. 하지만 냉찜질을 너무 오래 하면 동상을 입을 위험이 있기 때문에 집에서 할 때는 손상 부위가 깊고 지방이 많더라도 20분을 넘기지 않도록 주의해야 합니다. 집에서는 지방이 적고 깊이가 얕은 다리 등의 부위에 냉찜질을 하는 것이 기대 효과가 좋습니다. 그리고 물과 알코올을 섞어서 만든 아이스팩은 얼음 조각을 넣어서 만든 아이스팩보다 온도가 더 낮으므로 적용 시간을 더 짧게 잡아야 합니다.

 아이스 마사지

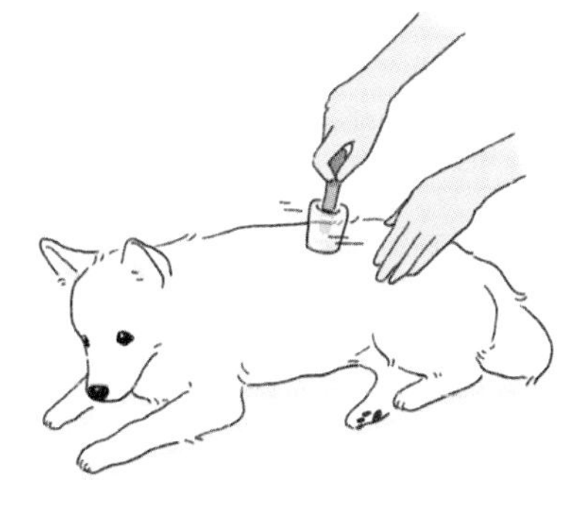

아이스 마사지는 얼음을 직접 피부에 대는 냉찜질 방법입니다. 종이컵에 물을 담

아 얼린 다음에, 종이컵을 조금 뜯어 얼음을 노출시켜 마사지를 합니다. 아이스크림을 만드는 것처럼 나무젓가락을 넣어서 얼리면 손잡이가 생기기 때문에 손이 시리지 않게 아이스 마사지를 할 수 있습니다. 노출된 얼음 표면을 피부에 가져다 대고, 피부가 약간 붉어질 때까지 5~10분 정도 냉찜질을 합니다. 한 부위에 20분 이상 하면 동상을 입어 조직이 손상되므로 길게 하지 않도록 주의합니다.

아이스 마사지는 작은 부위에 적용할 때 편리해서, 우리나라에 많은 소형 품종의 반려견에게 유익합니다. 다만 소형견은 대형견에 비해 저체온증의 위험이 높으므로 냉찜질을 무리해서 오랜 시간 하는 것은 금물이며, 반려견이 냉찜질을 피한다면 즉시 중단하도록 합니다.

06

온찜질

온찜질은 피부에 핫팩, 따뜻한 물, 파라핀, 적외선램프, 전기장판 등을 적용해서 따뜻하게 만들어주는 방법으로 온열요법heat therapy이라고 합니다. 가정에서도 핫팩이나 따뜻한 물을 이용해서 반려견에게 온찜질을 해줄 수 있습니다. 냉찜질이 다치고 나서 48시간 이내에 효과가 좋다면, 온찜질은 48시간 이후에 적용하는 것이 효과적입니다. 온찜질은 다양한 마사지 방법과 함께 적용할 수 있다는 장점이 있습니다.

온찜질의 다양한 효과

몸은 체온을 일정하게 유지하려고 합니다. 온찜질을 해주면 피부의 온도가 올라가므로, 온도를 낮추려는 반사작용으로 몸 표면의 혈관이 확장됩니다. 혈관이 확장되면 몸의 표면으로 흐르는 혈액의 양이 증가해서 열이 몸 바깥으로 방출됩니다. 온찜질은 표면 부위로 혈액의 흐름이 증가하도록 유도하는 방법입니다.

부종은 조직에 액체가 고인 상태로, 외관상으로는 탄력 없이 부풀어 오른 것처럼 보입니다. 주로 심장, 신장, 간 등에 질환이 있을 때 몸에 전반적으로 부종이 발생할 수 있습니다. 피부 질환 또는 특성 부위의 순환에 문제가 생긴 경우에는 몸 일부분에 부종이 발생할 수 있습니다. 오래된 부종이 있을 때 혈액의 흐름이 증가하면 부종이 몸속으로 흡수돼 가라앉으면서 개선됩니다. 하지만 부종이 생기기 시작할 때 온찜질을 하면 오히려 부종이 심해질 수 있으므로, 초기에는 냉찜질을 적용해야 합니다.

그 밖에도 온찜질을 함으로써 혈액 흐름이 증가하면 산소가 많이 들어오고, 체온이 올라가면 신진대사도 활발해집니다. 산소가 풍부하고 세포도 활발히 활동하므로 온찜질 적용 부위의 치유가 촉진됩니다.

온찜질을 하고 스트레칭을 하면 근육이 잘 이완되고 더 잘 늘어납니다. 스트레칭을 하고 나면 탄력이 작용해 스트레칭하기 전으로 돌아가려는 경향이 있는데, 온찜질을 하고 나서 스트레칭을 하면 스트레칭의 효과가 더 오래 지속됩니다. 관절도 마찬가지로 따뜻해지면 부드러워지고 더 잘 이완됩니다. 관절이 뻣뻣하게 굳었을 때 온찜질을 해주면 관절이 풀려서 덜 뻣뻣해지고 잘 움직이게 됩니다.

삐었거나 염좌가 있을 때도 온찜질을 해주면 좋습니다. 냉찜질은 다친 뒤 48시간 이내에 효과가 좋은 반면, 온찜질은 다친 뒤 48시간 이후에 효과가 좋습니다. 온찜질은 다른 테라피들과 함께 적용할 수 있어 활용 범위가 넓습니다. 마사지, 스트레칭, 관절 운동 등을 하기 전이나 하는 도중에 온찜질을 해주면 효과가 더 좋습니다.

 온찜질을 하면 안 되는 경우

감염이 있거나 농이 있는 부위에 온찜질을 하면 세균이 더 잘 자라고 짓무를 수 있습니다. 또한 상처가 나거나 다친 직후에는 온찜질을 하지 않도록 합니다. 염증과 부종이 오히려 심해질 수 있기 때문입니다. 고열이 있을 때도 온찜질을 하면 상태가 더욱 악화될 수 있으므로 하면 안 됩니다.

너무 어린 반려견이거나 나이가 많은 노령견인 경우, 체온을 조절하는 능력이 떨어지므로 온찜질이 적합하지 않습니다. 반려견의 감각이 무딘 경우에도 화상을 입을 수 있으니 온찜질을 하지 않는 것이 좋습니다. 온찜질을 한다면 중간중간 피부의 상태를 자주 확인합니다. 심혈관계나 호흡기계가 안 좋으면 온찜질을 했을 때 반려견이 힘들어할 수 있으므로, 가정에서는 온찜질을 하지 않는 것이 좋습니다.

피하지방이 많은 비만견의 경우, 피부밑 조직까지 온도가 잘 전달되지 않습니다. 온찜질의 효과를 보려고 적용 시간을 늘리다가 화상을 입을 위험이 커집니다. 비만견은 온찜질로 좋은 효과를 보기가 다소 어려울 수 있습니다.

온찜질을 할 때 너무 뜨거우면 화상을 입어서 심한 통증을 느끼게 되므로, 피부의 상태를 살펴보면서 해야 합니다. 반려견이 통증을 느껴서 자리를 피하려고 하거나 피부가 창백해졌다면 즉시 중단합니다. 핫팩은 열이 점차 식으므로 비교적 안전하지만, 온수매트나 전기매트는 계속 높은 온도를 유지하기 때문에 화상을 입을 위험이 더 큽니다. 가정에서는 핫팩이나 따뜻한 물을 이용해서 온찜질을 하는 것이 좋으며, 전열기구를 이용한 온찜질은 권장하지 않습니다. 만일 온수매트나 전기매트를 이용한다면 계속 옆에서 지켜봐야 합니다.

핫팩을 이용한 온찜질

핫팩은 종류에 따라 크기도 다양하고 안에 들어 있는 물질도 다양합니다. 이 중에서 구하기 쉽거나 반려견에게 적용하기 적합한 크기의 핫팩을 사용하면 됩니다.

만일 핫팩이 없다면 수건을 물에 적셔서 물기를 짜낸 뒤 전자레인지에 돌리거나, 따뜻한 물을 적신 뒤 물기를 짜내서 스팀 수건을 만들어 사용해도 됩니다.

핫팩은 반드시 뜨겁지 않고 따뜻한 상태로 사용해야 합니다. 너무 뜨거우면 오히려 화상을 입을 수 있고, 조직에 돌이키기 어려운 손상을 주게 됩니다. 핫팩을 데운 다음에 자신의 목에 대어봤을 때 기분 좋고 편안하며 따뜻하다면, 반려견에게도 적절한 온도입니다. 핫팩을 사용할 때는 직접 피부에 대지 말고, 수건으로 싸서 완충 지대를 만들면 화상의 위험을 낮출 수 있습니다.

온찜질은 15~25분 정도 해주며, 30분을 넘기지 않도록 합니다. 하루에 3~4회 정도 해주면 좋습니다. 온찜질을 할 때는 중간중간 피부와 핫팩 사이에 손을 넣어서 적절한 온도인지 체크해봅니다. 처음에는 자주 확인하고 핫팩이 점차 식으면 조금씩 간격을 늘려가면서 확인합니다. 온도가 높은 것 같다면 핫팩을 식히거나 수건을 몇 겹 더 감싸서 적용합니다.

온찜질 중에 반려견이 뜨거워서 도망가려는 반응을 보인다면 즉시 멈춰야 합니다. 반려견이 참을성이 있는 성격이거나 감각이 좀 무딘 편이라면, 피부의 상태를 더 집중해서 살펴봅니다. 피부가 뜨겁거나 빨개졌다면 수건을 더 대주거나 핫팩을 더 식혀서 사용합니다. 피부가 하얘지거나 피부에 붉은 반점이 나타난다면 온찜질을 즉시 중단해야 합니다. 온찜질 때문에 많은 혈관이 이완돼 이에 대한 반사작용으로 혈관들이 갑자기 수축하면서 피가 안 통하는 상태이기 때문입니다.

따뜻한 물을 이용한 온욕

온욕은 온찜질할 부위를 따뜻한 물에 담가주는 방법입니다. 주로 대야나 욕조를 활용합니다. 집에 월풀 욕조가 있다면 이를 이용해도 좋습니다. 월풀 온욕을 하면

물이 몸을 치면서 림프와 정맥 순환이 촉진되어, 부종이 감소하는 효과가 있습니다.

물의 온도는 29~35℃ 정도가 좋고, 온도계가 없다면 손을 넣었을 때 뜨겁지 않고 따뜻한 정도가 좋습니다. 반려견이 산책이나 운동을 한 뒤에 30℃ 정도로 데운 물에 온욕을 하게 하면 효과가 좋습니다. 혈액 순환에도 도움이 되고, 근육에 축적된 젖산을 제거하는 데에도 효과적입니다. 다만 심장 박동 수가 증가하거나 혈압이 내려갈 수 있습니다. 심혈관계에 질환이 있거나 저혈압이 있다면 주의하여 온욕을 적용합니다.

PART 4

활기찬 반려견을 위한 홈 트레이닝

보호자와
함께하는 트레이닝

01
홈 트레이닝 전 알아두어야 할 것들

산책은 대부분의 반려견이 가장 좋아하는 활동입니다. 산책을 통해 반려견은 새로운 사람들과 동물들을 만나고 새로운 냄새를 맡으며 재충전할 수 있습니다. 물론 산책을 자주 가면 제일 좋겠지만, 미세먼지가 많은 날에는 나가기가 꺼려지고 걱정이 될 것입니다. 이런 날 집에서 반려견과 즐거운 시간을 보내며 유대감을 쌓고, 반려견의 건강도 챙길 수 있다면 더할 나위 없겠지요.

지금부터 부작용이 적고 가정에서 쉽게 따라 할 수 있는 동작들을 소개합니다. 꾸준히 한다면 좋은 효과를 기대할 수 있습니다. 다만 운동 중 이상이 있거나 반려견이 아파할 때는 수의사와 상담하여 운동 처방을 받는 것이 좋습니다. 필요한 경우 전문적인 마사지와 재활치료를 받아야 합니다.

무리하지 않는 트레이닝

반려견은 피곤해도 티를 잘 내지 않습니다. 그러므로 은연중 새어 나오는 몸짓 언어를 잘 봐두었다가, 반려견이 힘들어하는 신호를 보이면 운동을 멈추고 쉬도록

합니다. 반려견은 사람처럼 피부에 땀샘이 발달해 있지 않기 때문에 체온이 올라가면 헉헉거리면서 숨을 쉬어 체온을 조절합니다. 반려견이 숨을 거칠게 쉬며 헉헉거린다면 힘들다는 신호일 수 있습니다. 특히 혀가 길게 나오고 혀 끝부분이 동그랗게 말려 있다면 운동을 마치거나 잠시 휴식을 취해야 합니다. 이는 혀의 표면적을 최대한 넓혀서 체온을 낮추려는 행동이기 때문입니다.

또한 힘들 때는 꼬리나 귀가 처질 수 있고, 많이 힘들면 근육이 떨리거나 걸음걸이가 변할 수도 있습니다. 반려견이 쉬고 싶어 하면 트레이닝을 강행하지 말고 휴식을 갖도록 합니다.

 미끄러짐으로 인한 부상 예방하기

갑자기 미끄러지면 부상을 당할 수 있습니다. 반려견이 활발히 움직여도 부상을 당하지 않도록 섬세하게 챙겨주어야 합니다. 미끄러져서 다치지 않도록 바닥을 미끄럽거나 딱딱하지 않게 해줍니다. 두께가 조금 있는 요가 매트를 깔아주면 가장 좋습니다.

운동하기 전에는 반려견의 발을 확인해야 합니다. 털이 길게 자라서 발바닥의 패드를 덥수룩하게 덮고 있다면 털을 잘라주어야 하며, 발톱이 너무 길게 자라나면 걷는 게 불편할 수 있으므로 발톱도 다듬어줍니다. 발톱에는 혈관이 지나므로 조심해서 잘라야 합니다. 발톱이 하얀색인 반려견은 혈관 구조가 잘 보이는 편이어서 괜찮지만, 발톱이 검은색이면 혈관 구조가 보이지 않기 때문에 더욱 조심해서 자릅니다. 자신이 없다면 걸음걸이에 방해가 되지 않을 정도로만 자르면 됩니다. 발바닥에서 평행한 가상의 선을 그린 뒤, 45° 정도를 잘라줍니다.

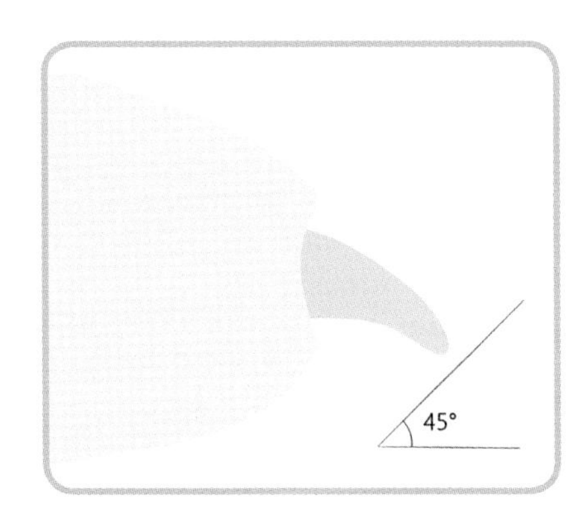

잘못 잘라서 피가 난다면 손으로 눌러서 지혈해줍니다. 지혈용 파우더를 이용하면 피가 더 잘 멈춥니다. 발톱을 잘못 잘라서 피가 나면 며칠 정도는 아플 것입니다. 꼭 운동을 쉬어야만 하는 것은 아니지만, 되도록 며칠 쉬었다가 하는 것이 좋습니다.

 간식으로 동기 부여하기

반려견이 귀찮음을 감수하고 움직이게 하려면 간식만 한 것이 없습니다. 맛이 별로라서 반려견이 관심을 보이지 않는다면 동기를 부여하기 어려우므로, 꼭 반려견이 좋아하는 간식을 준비해야 합니다. 칼로리가 높지 않다면 금상첨화입니다. 간식을 먹는 데 시간이 오래 걸리지 않도록 미리 잘게 잘라서 준비해둡니다.

홈 트레이닝을 하면서 간식을 줄 때는 타이밍이 굉장히 중요합니다. 원하는 동작을 했을 때에 맞춰서 바로 줘야 합니다. 시간이 지나서 주면 원하는 동작과 간식 사이의 연관성이 약해져서 다른 행동 때문에 간식을 받았다고 오해할 수 있습니다. 처음에 운동 방법을 익힐 때는 어떤 동작이 맞는 동작인지 의사소통하기 위해서 맞는 동작을 할 때마다 바로 간식으로 보상해줍니다. 그러면 강한 연관성이 생겨서 반려견이 올바른 동작을 기억하게 됩니다. 반려견이 동작을 익힌 이후에는 매번 간식을 주기보다 중간중간 무작위로 주도록 합니다.

간단한 소도구를 이용한 동작을 유지할 때는 얼린 땅콩잼이 효과적입니다. 얼린 땅콩잼을 '피넛 버터 아이스크림'이라고도 하는데, 만드는 방법은 굉장히 간단합니다. 반려견의 주둥이가 들어가는 종이컵이나 머그컵 안쪽에 땅콩잼을 발라서 얼리면 됩니다. 당근을 앞에 두고 달리는 말처럼, 반려견이 소도구 운동을 하는 중에 피넛 버터 아이스크림을 핥아 먹을 수 있게 해주면 운동을 효과적으로 유도할 수 있습니다.

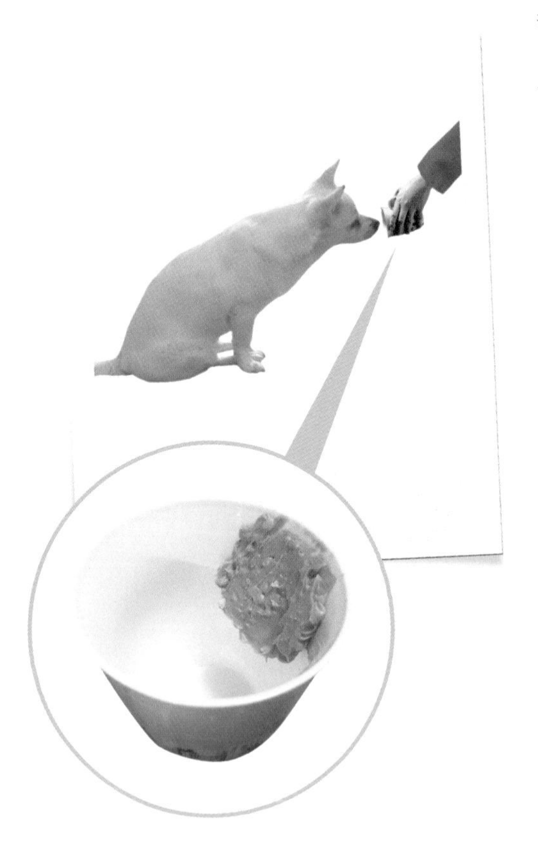

클리커 트레이닝

클리커는 딸깍 소리가 나는 간단한 도구로, 반려견과 보호자의 의사소통을 도와줍니다. 클리커를 누르면 '딸깍' 하는 소리가 나는데, 원하는 동작을 했을 때 이 소리를 칭찬의 의미로 사용하며 반려견을 트레이닝할 수 있습니다.

먼저 클리커에 대한 긍정적인 기억을 심어줘야 합니다. 파블로프의 실험에 따르면, 개에게 종소리가 날 때마다 먹을 것을 주다 보니 나중에 개는 종소리만 들어도 침을 흘리게 되었습니다. 종소리와 먹을 것 사이에 연결고리가 생겨 조건반사가 강화됐기 때문입니다. 이처럼 클리커 소리에 대해서도 조건반사가 일어날 수 있도록, 딸깍 소리가 날 때마다 바로 간식을 주기를 반복합니다. 클리커만 눌러도 반려견이 귀를 쫑긋하거나 주의를 기울이면서 간식을 갈구하는 표정을 짓게 되면 클리커에 대한 긍정 강화 훈련이 된 것입니다.

반려견이 클리커에 익숙해졌다면, 운동 중 원하는 동작을 했을 때 바로 클리커를 눌러주면 됩니다. 그 시점에 간식을 주어도 되지만, 클리커를 사용하면 어떤 동작 때문에 칭찬을 받는지 반려견이 분명히 알아차릴 수 있어 운동을 더 빨리 배우게 됩니다.

터그 놀이

터그tug는 '잡아당기다'라는 뜻입니다. 이름에서 알 수 있듯이 터그 놀이는 마치 줄다리기를 하듯이 반려견과 보호자가 장난감을 서로 잡아당기는 놀이입니다. 반

려견의 씹는 욕구를 충족시켜주는 좋은 놀이 방법으로, 홈 트레이닝 전에 준비운동으로 해도 좋습니다.

터그 놀이용으로 나온 장난감 또는 물고 당겨도 되는 튼튼한 장난감을 준비합니다. 반려견이 장난감을 물고 있으면 보호자가 장난감을 당기면서 서로 힘겨루기를 하듯 놀면 됩니다. 장난감을 당길 때는 갑자기 잡아채선 안 되며 너무 세게 당겨서도 안 됩니다. 힘의 균형을 이룰 정도로만 당기는 것이 좋습니다. 놀이 이후에는 무리해서 장난감을 빼지 말고 잘라둔 간식을 주면서 놀이를 종료하는 것이 자연스럽습니다.

준비운동

준비운동으로 체온을 올려주고 근육을 풀어주면, 부상을 예방하고 운동 효과를 높일 수 있습니다. 가볍게 하는 운동으로, 반려견과 집 안을 돌아다니는 것으로도 충분합니다. 뛰지는 말고 평소처럼 걷거나 다소 빠른 걸음으로 5분 정도 걷기 운동을 함께 합니다. 또는 터그 놀이를 5분 정도 하는 것도 준비운동으로 적합합니다. 반려견의 체력 상태에 따라서 운동 시간은 다소 조절해도 좋습니다.

정리운동

운동을 마칠 때는 정리 운동이 필요합니다. 빠른 속도로 달리다가 갑자기 멈추면 다칠 수 있듯이, 운동을 한 뒤에는 몸이 무리 없이 휴식 상태로 돌아갈 수 있도록 도와야겠지요. 정리운동의 기본은 운동의 강도를 서서히 낮추는 것입니다. 운동을 하고 난 뒤, 느린 속도로 3~5분 정도 걸으면 심장 박동 수를 천천히 낮추고 안정을 찾는 데 도움이 됩니다. 마지막에 가벼운 마사지로 마무리하는 것도 좋은 방법입니다.

02

관절가동범위 운동

관절이 모든 방향으로 360° 움직일 수 있는 것은 아닙니다. 예를 들어 사람의 팔꿈치 관절은 굽히고 펼 수 있지만, 옆으로 움직이거나 돌리는 것은 쉽지 않습니다. 모든 관절은 이처럼 특성에 따라서 저마다 움직일 수 있는 특정 범위가 있으며, 이를 관절가동범위Range of Motion, ROM라고 합니다. 관절가동범위 운동은 가동범위 내에서 관절을 움직이는 운동으로, 관련된 근육과 힘줄 등의 회복을 돕습니다.

기대 효과

관절가동범위 운동은 수동 운동과 능동 운동으로 나눌 수 있습니다. 무릎 관절에 관절가동범위 운동을 할 때 수의사가 반려견의 다리를 잡고 무릎을 굽혔다 폈다 해주는 것이 수동 운동이고, 반려견이 직접 무릎을 굽혔다 펴는 것이 능동 운동에 해당합니다.

일반적으로 수동 운동은 다친 상태에서 재활치료의 하나로 활용됩니다. 목을 삐었다면 움직일 때마다 아프기 때문에 예전처럼 고개를 좌우로 돌리기 어려워집니다. 목 관절이 움직일 수 있는 범위에 제한이 생긴 것이지요. 이러한 상태가 오래가면 근육이 위축되는 등의 변화가 생겨서 이전처럼 움직이기가 어렵게 됩니다. 관절가동범위를 정상 수준으로 회복하려면 관절과 근육을 가능한 범위 내에서 주기적으로 움직여줘야 합니다. 한 연구에 따르면 전십자인대 파열 이후에 관절가동범위 운동을 해주지 않은 경우, 무릎이 펴지는 범위가 감소하며 온전히 회복되지 않는 것으로 나타났습니다. 반면 적절한 관절가동범위 운동을 해준 경우에는 정상적인 운동 범위로 비교적 금방 회복됐습니다.

이처럼 관절가동범위가 감소했을 때는 그에 맞는 운동과 스트레칭이 정상 가동범위를 회복하는 데 도움이 됩니다. 회복 과정에서 섬유조직이 다소 무작위적으로 생겨나는데, 관절가동범위 운동을 하면 관절과 근육의 움직임을 방해하지 않는 방향으로 섬유조직을 정돈하는 효과가 있습니다. 또한 근육 등이 서로 유착되는 것을 방지하므로 근골격계의 유동성도 회복됩니다. 특히 다쳐서 움직이지 않다 보면 이에 적응해서 근육이 짧아지는데, 관절가동범위 운동을 통해 이를 예방하고 개선할 수 있습니다. 근육조직의 탄성과 확장성을 회복하는 데 도움을 주어 추가적인 손상을 예방해줍니다.

고려할 점

건강한 상태에서는 관절가동범위 내에서 움직이는 것이 자연스럽고 쉽기에 집에서 수동 운동을 해줄 필요는 없습니다. 수동 운동은 주로 재활치료 목적으로 활용되는데, 부적절한 운동은 오히려 해로울 수 있으므로 전문가의 도움을 받아야 합니다. 반면 능동 운동은 건강한 상태에서도 해주면 좋습니다. 다만 관절과 인접한 부위에 골절이 있거나 힘줄이나 인대가 불안정한 경우, 관절가동범위 운동이 상태를 악화시킬 수 있으므로 해선 안 됩니다.

또한 관절가동범위 운동은 관절이 움직일 수 있는 범위 내에서 하는 운동으로, 이 범위를 넘어 무리하게 하지 않도록 합니다. 관절을 무리하게 움직이면 오히려 조직에 손상을 줘서 가동범위가 감소할 수 있습니다.

수동 관절가동범위 운동

수동 관절가동범위 운동은 반려견은 가만히 있는 상태에서 사람이 반려견의 관절을 가동범위 내에서 움직여주는 것으로, 다친 반려견에게 가장 많이 활용되는 운동입니다.

수동 운동의 목표는 관절의 가동범위를 회복하고 근육이 위축되는 속도를 늦추는 것입니다. 주로 수술 후 입원했을 때 또는 재활치료의 일부로 적용하며, 건강한 상태에서 수동 운동을 하는 경우는 드뭅니다. 반려견이 다쳐서 수동 운동이 필요한 경우, 잘못 적용하면 오히려 더욱 손상을 입을 수 있기에 전문가의 도움을 받는 것이 좋습니다. 다만 스트레칭 운동을 제대로 적용하기 위해서는 수동 운동을 이해해야 합니다. 여기서 소개하는 수동 운동은 실제로 반려견에게 적용하기 위해서라기보다는 운동 자체를 이해하는 데 초점을 맞추었습니다.

관절의 가동범위는 주위 관절의 영향을 받기도 합니다. 이를 이해하려면 바닥에 앉아서 두 다리의 무릎을 펴고 발끝을 몸 쪽으로 당겨보세요. 이때 발목 관절이 얼마나 굽혀졌는지 기억해두세요. 그다음 무릎을 굽혀 책상다리를 한 상태로 발목을 구부려보세요. 두 번째 자세에서 발목 관절이 훨씬 더 잘 굽혀질 것입니다. 이처럼 무릎이 펴져 있으면 발목이 움직일 수 있는 범위가 줄어듭니다. 즉 발목 관절가동범위 운동을 할 때는 무릎도 굽혀주는 것이 좋다는 뜻입니다. 관절가동범위 운동으로 관절을 하나씩 풀어줄 때는, 해당 관절이 움직이기 쉽도록 자연스러운 자세를 만들어주어야 합니다.

수동 운동은 조용하고 차분하며 편안한 곳에서 수행합니다. 먼저 스트로킹과 같은 부드러운 마사지를 2~3분 정도 적용합니다. 수동 운동을 할 다리가 위로 가도록 반려견을 옆으로 눕힙니다. 나머지 다리는 반려견이 편안해하는 상태로 둡니다. 다리가 삐뚤어진 상태로 운동하면 관절에 무리가 가므로, 손으로 다리 또는 관절을 받쳐서 지지해줍니다. 이때 겉으로 드러난 상처 부위가 있다면 그 부위는 잡지 말아야 하며, 되도록 관절에 가까운 곳을 잡습니다. 그러면 관절이 안정적으로 유지됩니다.

다른 곳의 움직임은 최소화하면서, 치료할 관절을 천천히 부드럽게 움직여줍니다. 보통 몸에서 가까운 곳을 고정한 상태로, 몸에서 먼 곳을 움직입니다. 예를 들어 앞다리의 관절에 수동 운동을 한다면 다리 위쪽은 고정한 상태로 발 쪽을 움직입니다. 부드럽고 천천히 일정한 속도로 수동 운동을 수행합니다. 반려견이 소리를 지르거나 아파하는 각도까지 진행하면 안 되고, 다리에 약간 힘을 주거나 긴장하는 것 같다면 그 이상으로는 움직이지 않습니다. 가동범위의 끝부분에 도달했다면 다시 원래 위치로 돌아갑니다. 특히 수동 운동은 관절의 가동범위 내에서 해야 유익하고, 그 이상으로 하면 손상이 발생합니다.

수동 운동의 반복 횟수와 빈도는 반려견의 컨디션에 따라 다르기에 전문가의 손길이 필요합니다. 보통 한 번 할 때 15~20회를 진행하며, 하루에 두 번에서 여섯 번 정도 수행합니다. 점차 관절이 가동범위를 회복하면 운동의 횟수와 빈도를 줄여나갑니다. 반려견이 불편해하는지 지속적으로 살펴보면서, 불편해한다면 최대한 편안하게 환경을 바꿔줘야 합니다.

개별 관절의 가동범위가 어느 정도 회복된 뒤에는 여러 관절을 동시에 풀어주는 수동 운동을 해줄 수 있습니다. 예를 들어 사람이 자전거를 탈 때는 발목과 무릎, 고관절이 동시에 조화롭게 움직입니다. 이와 같이 자전거를 탈 때 실제로 다리가 움직이는 느낌으로 여러 관절을 동시에 움직여줍니다. 자전거를 타듯이 하는 수동 운동은 한 번에 10~15회 정도 수행합니다. 마무리 동작으로 스트레칭을 함께 적용해도 좋습니다. 수동 운동을 한 뒤에는 스트로킹과 같이 부드러운 마사지를 5분 정도 해줍니다.

능동 관절가동범위 운동

반려견이 아픈 다리를 스스로 움직일 수 있다면 능동 관절가동범위 운동을 시작할 수 있습니다. 능동 운동을 할 때는 반려견이 스스로 움직이면서 근육이 자발적으로 수축하므로 근력이 강화되고, 근육이 움직일 때 조화를 이루는 능력과 협응력도 단련됩니다.

걷거나 일상적으로 움직일 때 보통은 관절의 전체 가동범위complete ROM를 사용하지 않습니다. 무릎을 완전히 굽힐 수 있더라도, 걸어 다닐 때는 무릎을 살짝 굽힐 뿐 완전히 굽히지는 않습니다. 이처럼 평소에 활동하면서는 관절이 움직일 수 있는 범위 중 일부만 사용하는데, 능동 운동은 관절가동범위를 최대한 활용할 수 있도록 고안된 훈련입니다.

물속, 풀밭, 눈밭, 모래 위에서 걷거나, 계단을 오르거나, 터널을 기어서 통과하거나, 사다리 장애물을 통과하는 활동도 모두 능동 운동입니다. 물속에서 걸을 때는 저항 때문에 무릎이 더 많이 굽혀지고, 계단을 오르면 관절을 평소보다 더 넓게 쓰게 되어 힘이 더 들어갑니다. 사다리 장애물을 넘기 위해서는 움직임을 과장해서 크게 해야 합니다. 이처럼 보다 많은 범위를 움직여야 하는 활동을 하면 관절의 움직임을 개선하고 근력을 강화하는 효과를 얻을 수 있습니다.

03

스트레칭

서커스 공연에 가면 연체동물인가 싶을 정도로 일반인은 할 수 없는 진기한 동작을 하는 곡예사들을 볼 수 있습니다. 이처럼 관절이 움직일 수 있는 범위가 넓은 사람을 유연하다고 하는데, 유연성이 좋으면 움직임이 부드럽고 자연스러워지므로 갑작스러운 상황에서 입을 수 있는 부상을 예방할 수 있습니다.

반려견도 마찬가지로 유연성이 좋으면 다칠 위험이 줄어듭니다. 주로 근골격계에 부상을 입거나 질환이 발생하면 유연성이 떨어지기 쉬운데, 동물병원에서 재활치료를 받으면서 집에서 스트레칭을 병행해주면 유연성을 회복하는 데 도움이 됩니다.

기대 효과

스트레칭은 유연성을 기르는 데 효과가 좋습니다. 스트레칭을 하면 근육, 인대, 힘줄, 관절 조직들이 늘어나며, 특히 근육의 탄력과 신장성이 증가합니다. 스트레칭은 즉각적으로는 근육과 힘줄의 탄력이 작용해 길이가 일시적으로 늘어나는 효과를 줍니다. 장기적으로는 근육을 구성하는 근절sarcomere이라는 구조의 숫자가 증가해서 근육의 길이가 실제로 늘어나는 효과가 있습니다. 즉 스트레칭을 주기적으로 해주면 근육이 튼튼해지고 길어지며, 관절이 움직일 수 있는 범위도 넓어집니다. 관절염이 있는 래브라도레트리버를 대상으로 한 연구에서, 집에서 3주 동안 스트레칭을 주기적으로 해줬을 때 유연성과 관절가동범위가 유의적으로 늘어났다는 결과를 보고하기도 했습니다.

잘 움직이지 않거나 다쳤을 때, 신경계나 근골격계 질환이 있을 때 근육이 손상되거나 위축될 수 있습니다. 근육 안에 탄성이 떨어지는 뻣뻣한 흉터가 생기면 근육의 길이가 짧아지므로 유연성이 떨어질 수 있습니다. 또한 건강하더라도 근육이 오래도록 긴장하면 근육의 길이가 짧아질 수 있습니다. 이때 적절한 스트레칭, 운동, 마사지로 근육을 풀어주면 근육의 길이를 회복할 수 있습니다.

스트레칭은 여러 가지 이유로 짧아진 근육과 관련 조직을 늘이기 위한 운동으로, 유연성을 강화하고 관절의 가동범위를 넓혀주는 트레이닝 방법입니다.

고려할 점

스트레칭은 하는 도중에도 그리고 한 이후에도 통증을 느끼지 않는 수준에서 해야 합니다. 반려견이 소리를 지르거나 물려고 하거나 도망가려고 한다면, 스트레칭을 너무 심하게 한 것입니다. 이처럼 너무 무리해서 몸을 늘이는 것은 금물입니다. 일반적으로 움직일 수 있는 정상 범위를 훨씬 넘어선 과도한 스트레칭은 오히려 몸을 손상시킬 수 있습니다.

스트레칭을 너무 빠른 속도로 하면 근육이 반사적으로 수축하여 근육의 긴장도가 증가하며, 아플 정도로 세게 하면 오히려 부상을 입을 수 있습니다. 스트레칭을 할 때는 근육 등의 조직이 손상되지 않도록 조심하면서 낮은 강도로 천천히 해야 합니다.

최근 반려견에게 힘줄이나 인대 손상, 골절 등의 질환이 있었다면 스트레칭을 할 경우 무리가 갈 수 있습니다. 우선 동물병원에서 해당 질환에 대한 치료를 받아야 합니다.

 준비운동

스트레칭을 하기 전에 저강도로 준비운동을 하는 것이 좋습니다. 먼저 가볍게 산책이나 조깅을 합니다. 반려견과 함께 2~3분 정도 가볍게 걸은 뒤 빠른 걸음으로 몇 분간 걸어주면 좋습니다. 준비운동은 반려견이 가볍게 헐떡거리는 정도까지만 해주면 됩니다. 밖에 나가기 어려운 상황이라면 앞서 소개한 터그 놀이를 함께 해줍니다.

스트레칭을 하고자 하는 부위에 미리 온찜질을 해도 좋습니다. 스트레칭의 주요 목표는 근육을 늘이는 것인데, 먼저 온찜질을 적용하면 적은 힘으로도 근육이 쉽게 늘어나며 운동 이후에도 근육의 길이가 잘 유지됩니다.

 정적 스트레칭

정적 스트레칭static stretching은 반동을 이용하지 않고 관절을 고정된 자세로 두어서 근육과 결합조직을 스트레칭하는 방법입니다. 반려견이 최대한 편안해하고 안정감을 느끼는 상태에서 시작합니다. 푹신한 매트리스 또는 방석 위에 반려견을 살짝 옆으로 눕힙니다. 편안한 상태에서 서서히 해야 저항이 안 생기고 스트레칭이 잘됩니다. 빠르게 움직이면 반사적으로 근육이 수축되므로, 느긋한 마음으로 천천히 해줘야 합니다.

삐뚤어진 자세로 스트레칭을 하면 관절에 무리가 가므로, 관절의 정렬이 어긋나지 않도록 다리를 잘 받쳐줍니다. 한쪽 손으로는 관절을 기준으로 몸통 쪽에 가까운 부위를 지지하고, 반대쪽 손으로는 몸통에서 먼 쪽 부위를 지지합니다. 보통 몸통에서 먼 쪽의 뼈를 움직여서 스트레칭을 해줍니다. 예를 들어 무릎 관절을 스트레칭해준다면, 한 손은 허벅지를 잡고 한 손은 종아리를 잡아 종아리 쪽을 움직여서 스트레칭을 합니다. 주로 관절이 굽혀 있는 상태에서 스트레칭을 시작하며, 관절이 움직일 수 있는 범위까지 천천히 움직입니다. 관절이 움직일 수 있는 범위의 끝에 도달하면 움직임에 제한이 생깁니다. 약간 압력이 걸리고, 반려견이 다리에 살짝 힘을 주거나 긴장한 것을 느낄 수 있습니다.

여기까지는 수동으로 하는 관절가동범위 운동과 유사한데, 스트레칭을 하는 경우에는 관절가동범위의 끝 위치에서 15~30초 정도 멈춰 있으면 됩니다. 30초보다 오래 한다고 해도 효과에는 크게 차이가 없으므로, 굳이 힘들게 더 오랜 시간 스트레칭을 해주지 않아도 됩니다. 만일 반려견이 소리를 지르거나 벗어나려 하거나 물려고 한다면, 통증이 심한 것으로 너무 과도하게 스트레칭을 한 것입니다. 긴장이 느껴지되 아파하지 않는 수준에서 스트레칭을 해야 합니다.

스트레칭을 하고 나면 서서히 압력을 풀며 편안한 상태로 돌려놓습니다. 스트레칭은 한 번 실시할 때 5~10회 진행하며, 최대 20회까지 합니다. 반려견이 뻣뻣한 편이라면 하루에 두 번에서 네 번 정도 해주는 것이 좋고, 유연해지면 점차 빈도를 줄여도 됩니다. 인내심을 가지고 2~3주 정도는 꾸준히 해야 효과를 볼 수 있습니다.

동적 스트레칭

동적 스트레칭dynamic stretching은 움직임을 활용해 근육과 결합조직을 늘여주는 스트레칭으로, 탄성 스트레칭ballistic stretching이라고도 합니다. 정적 스트레칭에 비해서 상대적으로 고강도이며 빠른 바운스 동작으로 구성되어 있습니다.

동적 스트레칭을 할 때 발생하는 근육 긴장도는 정적 스트레칭의 2배 정도로, 효과가 그만큼 좋지만 손상의 위험성도 더 크기 때문에 조심해야 합니다. 최근에 수술을 받았거나 염증 또는 부종이 있는 상태에서는 하지 않습니다. 건강한 반려견이라면 정적 스트레칭만으로는 효과가 작은데, 동적 스트레칭을 해주면 반려견이 점프하거나 뛰어놀 때 힘이 좋아지고 다칠 위험이 줄어듭니다.

동적 스트레칭의 준비 과정은 정적 스트레칭과 같습니다. 반려견이 편안해하는 상태에서 관절 배열이 맞도록 다리를 지지해주고, 근육에 약간 긴장이 느껴지는 위치까지 진행합니다. 이 상태에서 그대로 멈춰 있는 것이 아니라, 약간 반동을 주는 것이 정적 스트레칭과의 차이점입니다. 손상과 통증이 발생하지 않도록 조금씩만 살며시 움직여야 합니다.

참고로 동적 스트레칭은 짐볼과 같은 소도구를 이용해서도 효과적으로 할 수 있습니다. 동적 스트레칭을 하기 전에는 가벼운 준비운동을 하고 정적 스트레칭을 먼저 해서 근육을 풀어주도록 합니다.

쿠키 스트레칭

쿠키 스트레칭을 하기 위해서는 반려견이 힘들고 귀찮아도 참고 집중할 수 있도록 가장 좋아하는 간식을 준비합니다. 간식이 가는 곳에 시선이 따라갈 정도로 반려견이 탐을 내는 간식이어야 합니다. 쿠키 스트레칭은 목, 가슴, 허리로 이어지는 척추를 굽히고 펴고 돌리는 운동입니다. 반려견의 척추가 얼마나 유연한지, 아픈 곳은 없는지 파악하는 데에도 도움이 됩니다.

❶ 준비 자세

먼저 반려견이 서 있는 상태여야 하고, 반려견의 다리에 보호자의 다리가 닿도록 붙어서 섭니다. 이렇게 서면 반려견이 옆으로 움직이지 못하도록 고정하기 쉬워 스트레칭을 효과적으로 할 수 있습니다. 좋아하는 간식을 코앞에 두어서 반려견의 시선을 집중시킵니다.

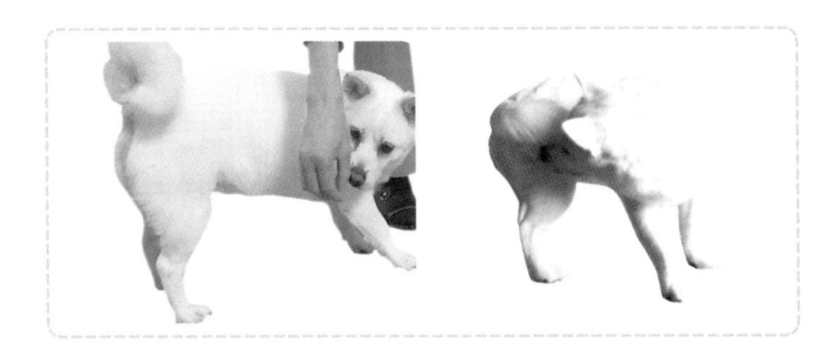

❷ 옆으로 굽히기

먼저 척추를 옆으로 굽혀서 풀어주는 동작을 하기 위해, 간식을 옆으로 옮기며 목 부위를 스트레칭해줍니다. 그런 다음 간식을 몸통 위쪽을 따라 평행하게 뒤로 옮기다가 엉덩이에서 3초 동안 정지합니다. 간식이 어깨에서 엉덩이에 이르는 동안 가슴 부위가 스트레칭됩니다. 이 동작들은 자연스럽게 척추를 옆으로 골고루 자극해줍니다.

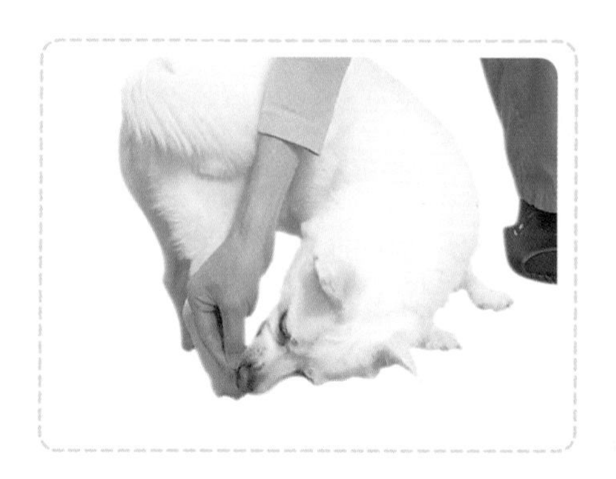

이어서 간식을 다리를 따라 옮기다가 발에서 3초 동안 정지합니다. 이 동작을 수행하면 척추가 돌아가듯 회전하면서 인접 부위를 자극해줍니다. 이어서 원위치로 돌아가는 동작을 합니다. 다시 다리를 따라서 엉덩이로 간식을 가져가고, 3초 동안 멈춘 뒤에 몸통을 따라 어깨를 지나 코앞으로 돌아갑니다. 반려견의 참여 욕구를 높이기 위해 동작이 끝나면 간식을 주어도 됩니다.

• 아래로 굽히기

이 동작은 척추를 아래로 굽혀서 스트레칭하는 동작입니다. 준비 자세는 동일하며, 간식은 코 위치에서 시작합니다. 반려견이 머리를 굽혀 앞다리 사이로 간식을 따라 이동하도록, 간식을 앞다리 사이를 지나 가슴 중앙 부위로 가져갑니다. 간식을 바닥에 가깝게 둔 상태로 천천히 뒤로 옮깁니다. 반려견의 머리가 바닥과 평행을 이룰 때까지 이동하는 것이 목표입니다.

• 위로 펴기

척추를 위로 펴주는 스트레칭 동작입니다. 먼저 반려견의 앞다리를 높은 곳에 올려주어야 합니다. 높이는 반려견의 어깨 위쪽 정도가 적당합니다. 이 상태에서 반려견이 코를 하늘 쪽으로 치켜들 수 있도록, 간식을 위쪽 그리고 살짝 뒤쪽으로 이동시킵니다. 목과 가슴, 허리에 이르는 척추 부위가 길어지듯 늘어나게 됩니다.

앞다리를 올릴 곳이 마땅치 않다면, 반려견의 아랫배를 받쳐준 상태에서 간식을 바닥 쪽으로 이동시켜서 스트레칭을 시켜줄 수도 있습니다.

04

맨몸 운동

맨몸 운동은 집에서 별다른 도구 없이도 할 수 있는 운동들로 마음만 먹으면 쉽게 해줄 수 있습니다. 반려견에게 동기를 부여할 간식이나 미끄러지지 않도록 깔아줄 매트만 준비하면 됩니다.

맨몸 운동의 동작들은 기본 동작들입니다. 밸런스 운동, 짐볼 운동, 장애물 운동으로 진행하기 전에 맨몸 운동을 알려주면 심화 동작을 더 쉽게 익힐 수 있습니다.

하이파이브

먼저 반려견에게 손을 내밀면서 "손"이라고 말하면 반려견이 앞발을 보호자의 손에 올려놓도록 훈련합니다. 클리커를 이용하면 이 동작을 효과적으로 가르칠 수 있습니다. 한 손에 클리커를 준비한 채 "손"이라고 말하면서 반대 손을 내밉니다.

반려견이 우왕좌왕하다가 우연히 보호자의 손에 앞발을 올려놓으면 바로 클리커를 '딸깍' 클릭하고 간식을 줍니다. 이 과정을 반복하다 보면 반려견이 고민하지 않고 연속해서 '손' 동작을 성공하게 됩니다. 만일 클리커 교육이 되어 있지 않다면, 클리커를 누르는 대신 해당 순간을 잘 포착해 빠르게 간식을 줍니다. '손' 동작만으로도 앞다리를 운동시켜주는 효과가 있습니다.

'손' 동작을 성공했거나 이미 할 줄 안다면 다음 단계로 넘어갑니다. 마치 신나게 하이파이브하는 것 같은 착각을 불러일으키는 동작입니다. 반려견 앞에 가상의 지점 9개를 설정합니다. 그 9개의 가상 위치 중에서 무작위로 하나씩 선택해 번갈아 가면서 '손' 동작을 시킵니다. 마치 두더지 게임에서 두더지가 어디에서 나올지 모르듯이, 반려견에게 두더지 게임을 시킨다고 생각하고 손의 위치를 계속 바꿔주면 됩니다. 앞다리 근육을 여러 방향에서 자극해주는 효과가 있습니다. 어깨의 근육을 앞으로 펴는 운동과 바깥으로 펴는 운동이 반복되므로 어깨 근육도 강화됩니다.

 '안녕' 하기

반려견이 손을 높게 들어 마치 인사하는 듯한 동작인 '안녕'을 가르칩니다. 5초 이상 앞발을 들고 살짝 흔들도록 하는 것이 최종 목표입니다. 동작을 시킬 때 사용할 제스처나 말은 보호자 마음대로 선택해도 되지만, 일관성을 유시하도록 합니다.

먼저 스카치테이프를 눈썹 위나 귀 위

에 살짝 붙여줍니다. 그리고 준비한 제스처와 말을 해줍니다. 예를 들어 손을 흔들며 "안녕"이라고 합니다. 이때 반려견이 테이프를 떼려고 손을 위로 들면 클리커를 누르고 간식을 줍니다. 클리커가 없다면, 마찬가지로 그 순간을 잘 포착해서 간식을 줍니다. 클리커 대신 칭찬하는 말을 해줘도 되는데, 이 역시 일관성 있게 해야 합니다. '잘했어'라는 말을 선택했다면 일관성 있는 톤과 어조로 "잘했어"라고 해주어야 반려견이 이해하기 쉽습니다. '안녕' 동작도 앞다리의 근육을 골고루 자극하는 데 좋은 운동입니다.

앉아-일어나

앉았다 일어나기를 반복하는 운동으로, 엉덩이 근육과 무릎을 펴는 근육을 강화하는 데 좋습니다. 고관절에 크게 무리를 주지 않으면서 엉덩이 근육을 단련시켜

줍니다. 고관절이 아픈 반려견에게도 좋은 운동이지만, 고관절이 안 좋거나 운동 중 아파한다면 반드시 전문가의 조언을 받도록 합니다.

이 운동은 정확하고 올바른 자세로 하는 것이 중요합니다. 스쿼트는 아니지만 마치 스쿼트 자세를 한다는 느낌으로 가르쳐주면 제대로 된 자세를 잡아줄 수 있습니다. 스쿼트를 할 때 엉덩이 한쪽이 먼저 내려가지 않듯이, 이 운동을 할 때도 반려견의 엉덩이 어느 한쪽이 기울면 안 되고 대칭을 유지해야 합니다.

반려견이 앉았다가 일어났다면 두세 걸음 앞으로 걷게 한 뒤에 다시 앉아-일어나를 반복합니다. 처음에는 세트당 5~10회 정도로, 하루에 한 번 또는 두 번 진행합니다. 일반적으로 5~10회를 1세트로 하루 두 번이 좋습니다. 반려견의 운동량이 늘어났다면, 세트당 15회씩 하루에 세 번에서 다섯 번까지 늘려도 좋습니다.

사이드 스테핑

사이드 스테핑은 꽃게처럼 옆으로 걷는 운동으로 엉덩이 근육과 어깨 근육, 다리의 내전근과 외전근을 강화해줍니다. 내전은 안쪽으로 향하는 운동이고, 외전은 바깥쪽으로 향하는 운동입니다. 사이드 스테핑을 하면 다리를 교차하거나 옆으로 움직이면서 걷게 되기 때문에 다리가 안쪽과 바깥쪽으로 움직이면서 내전근과 외전근을 골고루 쓰게 됩니다.

혼자서 사이드 스테핑을 진행한다면

반려견에게 목줄이나 가슴줄을 해주고, 벽면과 보호자 사이에 반려견이 있는 상태에서 옆으로 함께 걸어 나갑니다. 둘이서 사이드 스테핑을 진행한다면 반려견의 앞쪽과 뒤쪽에 각각 서서 반려견이 옆으로 잘 걸을 수 있도록 인도해줍니다. 반려견이 적응했다면 5~10회씩 하루에 두 번 정도 반복해줍니다.

슈퍼 포인팅

슈퍼 포인팅은 대각선으로 있는 두 다리를 동시에 들어 올리는 운동입니다. 즉 왼쪽 앞다리와 오른쪽 뒷다리를 동시에 들어 올리거나, 오른쪽 앞다리와 왼쪽 뒷다리를 동시에 들어 올리는 두 가지 경우의 수가 있습니다. 건강한 반려견이라면 어떤 쪽을 먼저 해도 상관없으며, 양쪽을 번갈아 하며 비슷한 시간만큼 훈련해줍니다.

대부분 반려견이 그리 어렵지 않게 할 수 있는 운동이지만, 처음에 너무 어려워한다면 한 다리만 들어 올리고 5초간 유지하는 연습부터 시작합니다. 머리는 반려견이 보통 서 있을 때처럼 자연스럽게 앞을 보게 합니다. 반려견이 자꾸 고개를 돌려 옆을 본다면 시선 앞쪽에 간식을 둡니다. 혼자 하느라 손이 모자란다면 머리 정중앙 앞쪽 바닥에 간식을 두어 머리가 그쪽을 향하게 합니다.

대각선에 있는 두 다리를 들어 올렸다면 5초간 유지합니다. 반려견이 잘 따라 한다면 30초까지 점차 시간을 늘려줍니다. 1세트에 각각 3회씩 반복합니다. 이때 보호자가 손으로 발목을 살며시 잡고 들어 올려 발목을 잡고 있되, 중간중간에 힘을 빼서 반려견이 잠깐이라도 자기 힘으로 다리를 들고 있게 합니다. 발목을 잡아서 올리게 되므로 발목은 어느 정도 펴진 상태가 됩니다. 들고 있는 다리는 무리해서 펴지 말고, 자연스럽게 살짝 굽혀진 상태로 유지합니다. 위에서 봤을 때 몸통 방향과 일직선이 되도록 발을 앞뒤로 길게 뻗어주어야 하며, 바깥쪽으로 향하지 않도록 주의합니다.

이 운동은 코어를 강화해주며, 다리 근육을 수축시켜서 힘을 길러 균형을 유지하도록 도와줍니다. 30초씩 3회 하는 것도 훌륭하며 충분한 운동이 됩니다. 만약 난도를 더 올리고 싶다면 앞다리를 더 앞쪽으로, 뒷다리를 더 뒤쪽으로 가게 한 상태의 슈퍼 포인팅 자세를 하면 코어에 더 자극을 줄 수 있습니다.

05

도그 요가

반려견과 함께하는 요가를 애견 요가 또는 도그 요가dog yoga라고 하며, 줄여서 도가doga라고도 합니다. 요가 동작을 하면서 반려견과 보호자 모두의 건강도 챙길 수 있습니다. 반려견과 부대끼면서 친밀해지고, 함께하는 동작을 통해 서로 신뢰를 쌓을 수 있습니다. 서로 호흡을 맞추면서 반려견과 보호자 사이에 깊은 교감과 유대감이 형성되기 때문입니다. 또 심장 박동 수가 감소하고, 혈압이 감소하는 안정 효과가 나타납니다.

여러 가지 일로 걱정이 많아서 힘들고 반려견도 덩달아 의기소침해졌다면, 도가가 좋은 해결책이 될 수 있습니다. 반려견은 한결같은 마음으로 주인을 사랑하기에, 함께 요가를 하면 더 좋은 파트너가 될 수 있습니다.

수카사나

다리를 접어 책상다리 자세로 앉습니다. 척추는 꼿꼿하게 펴고, 턱 끝을 몸 쪽으로 살짝 당깁니다. 할 수 있다면 책상다리 상태에서 두 발 모두를 다리 위로 올려 연

꽃 자세인 빠드마사나Padmasana를 해도 좋습니다. 반려견은 보호자 옆에 앉게 하고, 시선은 보호자와 같은 방향인 앞쪽을 보게 합니다.

반려견에게 손을 올려놓은 상태로 천천히 호흡에 집중하면서 숨을 들이마시고 내쉽니다. 눈을 감고 반려견을 머릿속에 떠올리면서 반려견의 호흡에 귀를 기울입니다. 마치 어린아이처럼 반려견도 대부분 보호자의 호흡을 느끼며 따라 하려고 합니다. 그러므로 보호자가 숨을 거칠고 불규칙하게 쉬면 반려견에게 영향을 줄 수 있습니다. 차분하게 요가의 호흡법을 따라 하면, 반려견과 사람 모두 심장 박동 수가 느려지고 혈액 흐름이 개선됩니다.

 하트-투-하운드 무드라

무드라는 명상할 때 사용하는 방법으로, 요가에서 생명의 근원이라고 여기는 프라나Prana를 움직입니다. 무드라를 통해 프라나를 보호자에게서 반려견으로,

그리고 반려견에서 보호자에게로 이동시켜 치유의 에너지를 교환하게 됩니다. 하트-투-하운드 무드라는 보호자와 반려견의 유대감을 높여주는 동작입니다. 수카사나 자세를 유지한 상태로 한 손은 보호자 자신의 심장에, 다른 손은 반려견의 심장에 놓습니다. 이 상태로 눈을 감고 호흡에 집중합니다.

 차투랑가

도가를 시작하면서 하기 좋은 동작입니다. 요가 매트 위에 반려견이 배를 대고 엎드리게 합니다. 반려견의 옆에 앉아서 반려견의 등에 스트로킹 마사지를 가볍게 해줍니다.

 퍼피 포 무드라

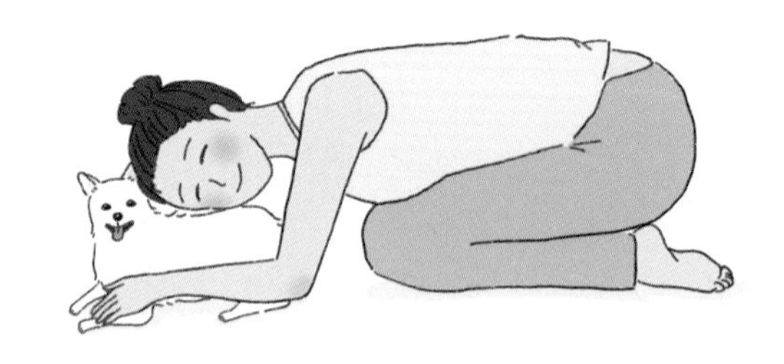

반려견이 앞다리를 앞으로 쭉 뻗은 상태로 배를 바닥에 대고 엎드리게 합니다. 보호자는 반려견의 뒤에 무릎을 꿇고 앉은 상태에서 팔을 앞으로 뻗어 반려견의 앞발 위에 가지런히 올려둡니다. 머리를 반려견의 등에 기대고 얼굴을 옆으로 돌려 귀가 반려견의 등에 닿게 한 상태로 편안하게 호흡합니다.

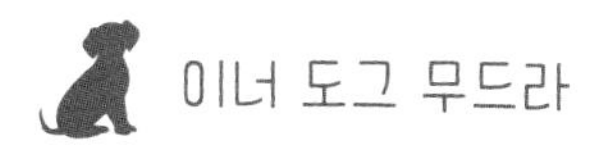

이너 도그 무드라

보호자의 이마를 반려견의 이마에 맞닿도록 가져다 댑니다. 서로의 마음을 열고 에너지를 연결하는 무드라 동작으로, 편안하게 호흡합니다.

바킹 부다 무드라

반려견은 엎드려 앉고 보호자는 주위에 앉습니다. 한 손을 반려견의 머리 또는 등 윗부분에 두고, 다른 손은 반려견의 허리쯤에 두고 반려견에게 집중하며 편하게 호흡합니다. 반려견에게 치유의 에너지를 주고, 반려견으로부터 에너지를 받기 위한 동작입니다.

우카타사나

체어chair 동작이라고도 합니다. 간단하지만 효과가 좋은 동작입니다. 반려견의 뒤쪽에서 무릎을 꿇고 앉은 다음, 반려견의 등 중간 정도 부분을 잡고 조심스럽게 들어 올려서 뒷발로 서게 합니다. 가능하다면 반려견이 앞다리를 뻗을 수 있게 해줍니다. 이 동작은 복부 근육과 앞다리 근육을 스트레칭하는 데 좋습니다. 또한 관절과 뒷다리 근육을 단련하는 효과도 있습니다.

우타나사나

벤드 포워드bend forward 동작이라고도 합니다. 보호자는 무릎을 펴고 반려견 뒤에 섭니다. 다리 뒤쪽이 당겨지는 느낌이 들도록 허리를 숙이고 팔을 밑으로 내려서 반려견의 복부를 잡아 조심스럽게 조금만 들어 올립니다. 반려견의 무게만큼 스트레칭 효과가 커지며, 반려견도 힘을 받아 몸이 위로 올라가면서 다리가 스트레칭됩니다.

캐멀 라이즈 도그

무릎을 꿇고 앉은 뒤, 주먹 2개 정도가 들어가도록 양 무릎을 벌려줍니다. 반려견이 작다면 무릎 사이에 앉혀도 되고, 아니면 무릎 앞쪽에 앉게 합니다. 무릎 각도가 옆에서 봤을 때 90°가 되도록 엉덩이를 들고 두 손을 엉덩이 또는 허리에 둡니다. 꼬리뼈부터 말아준다는 느낌으로 상체를 뒤로 서서히 젖힙니다. 뒤로 갈 수 있는 데까지만 젖혀줍니다.

아도 무카 스바나사나

반려견의 뒷다리 허벅지를 잡고 천장으로 조심스럽게 들어 올립니다. 동작이 익숙하다면 손으로 허벅지를 조심스럽게 마사지해줍니다. 뒷다리를 들어 올린 상태를 유지하므로, 반려견의 복부와 엉덩이가 스트레칭됩니다. 또한 앞다리에 무게가 실리기 때문에 앞다리 근육도 강화됩니다.

더블 도그 다운 도그

아도 무카 스바나사나 자세에서 무릎을 꿇고, 손을 앞으로 뻗어 어깨너비만큼 벌려서 바닥을 짚습니다. 반려견이 무릎과 손 사이에 누워 있도록 해줍니다. 소형견이라면 양 손바닥 사이에 반려견이 누워 있게 해도 됩니다. 그런 다음 무릎을 들고 엉덩이를 위로 추어올리고, 발꿈치는 바닥에 붙입니다. 팔과 무릎을 쭉 펴서, 옆에서 봤을 때 삼각형 모양이 되도록 합니다. 팔과 머리가 반려견에게 닿아도 좋습니다. 선천적으로 종아리 쪽 근육이 짧거나, 운동 후의 피로가 쌓였거나, 불편한 신발을 장기간 신어 다리에 피로가 누적되었다면 근육이 긴장되어 발꿈치가 바닥에 잘 닿지 않을 수 있습니다. 발꿈치가 바닥에 닿지 않아도 괜찮지만, 힘을 주어 눌러주도록 노력해야 충분한 효과를 볼 수 있습니다.

사바사나

일명 '송장 자세'로, 몸과 마음을 안정시켜주는 마무리 자세입니다. 천장을 바라보며 편하게 눕습니다. 반려견은 가슴과 배 위쪽에 엎드려 눕게 합니다. 눈을 감고

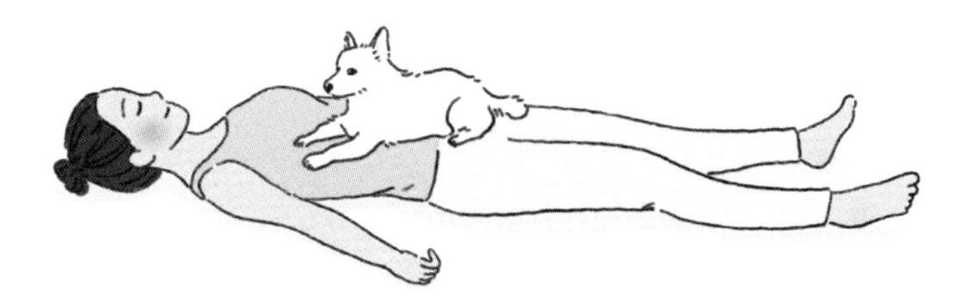

호흡에 집중하며 반려견을 가볍게 쓰다듬어줍니다. 반려견의 부교감 신경계는 도가를 시작하고 나서 20분쯤에 가장 활성화되며, 흥분이 가라앉고 심신이 안정되는 효과가 있습니다. 반려견과 사람 모두 사바사나 중에 갑자기 잠이 들 수 있습니다. 완전한 휴식 상태에 이르는 것을 돕는 자세입니다.

기구를 이용한 트레이닝

01
밸런스 운동

밸런스 운동은 몸의 균형감각을 키워주고, 코어 근육을 강화합니다. 단순히 힘을 길러주는 것이 아니라 협응력과 유연성도 강화해서 힘을 균형 있게 조절하는 능력을 길러줍니다. 반려견도 사람과 마찬가지로 나이가 들면서 근력과 균형감각이 점차 감소하게 됩니다. 따라서 건강할 때부터 밸런스 운동을 해서 관리해주어야 합니다.

집에서 반려견과 밸런스 운동을 하기 위해서는 도구를 준비하는 것이 좋습니다. 몇 가지 도구가 있다면 간단한 방법으로도 효과적인 밸런스 운동을 할 수 있습니다. 집에 홈 트레이닝을 위해 이미 갖춰놓은 도구들이 있다면, 사람용 도구를 활용해도 좋습니다. 밸런스 운동을 위한 대표적인 도구로는 밸런스 보드, 밸런스 돔볼, 밸런스 디스크, 에어 매트리스, 짐볼 등이 있습니다. 이 도구들은 반려견이 올라설 표면이 고정되어 있지 않고 무작위로 움직여 불안정하다는 공통점이 있습니다. 운동 중 반려견이 넘어지거나 발을 헛디뎌서 다치지 않도록 옆에서 보조하며 진행합니다.

밸런스 보드

대표적인 밸런스 보드로는 라커보드, 워블보드 등이 있습니다. 라커보드는 널뛰기나 시소처럼 좌우로 움직이는데, 움직일 수 있는 방향이 제한되어 있어서 난도가 비교적 낮은 편입니다. 반면 워블보드는 아래쪽이 반구 형태로 되어 있어서 여러 방향으로 움직입니다. 움직임이 다양하기 때문에 라커보드보다 운동 자체의 난도가 높습니다. 우선 라커보드에 적응시킨 다음 워블보드를 사용하게 한다면 워블보드를 더 잘 활용할 수 있습니다.

밸런스 보드는 다리의 근육을 강화하는 데에도 효과가 좋습니다. 처음에는 반려견의 앞다리만 밸런스 보드에 올리고 움직임을 익히게 합니다. 익숙하지 않아서 처음에는 놀랄 수 있는데, 몇 번 시도하다 보면 곧잘 적응해서 밸런스 보드에 올라갑니다. 동기부여를 위해 간식 등 먹을 것을 이용하면 보다 빨리 적응할 수

있습니다. 좀 적응한 뒤에는 뒷다리만 밸런스 보드에 올리고 움직임에 적응하는 기간을 갖게 합니다. 밸런스 보드에 앞다리만 또는 뒷다리만 올린 상태에서 앉기, 서기, 엎드리기 등을 번갈아 시켜주면 좋습니다. 적용 시간은 5~10분 정도로 하며, 하루에 두 번 또는 세 번 정도 해줘도 괜찮습니다.

반려견이 앞다리와 뒷다리를 각각 밸런스 보드에 올리는 데 적응했다면, 네 다리 모두를 밸런스 보드에 올리는 연습을 시작합니다. 밸런스 보드의 크기가 크고 반려견이 작다면, 네 다리 모두를 하나의 밸런스 보드 위에 올리면 됩니다. 만일 밸런스 보드가 작아서 네 다리가 한꺼번에 올라가지 않지만 운동의 난도를 올리고 싶다면, 밸런스 보드를 앞다리에 한 개, 뒷다리에 또 한 개를 활용합니다.

밸런스 보드에 올라가서는 서 있어도 되고 앉아 있어도 됩니다. 움직임이 적다면 충분한 운동이 될 수 있도록 보호자가 밸런스 보드를 살짝 움직여줘도 좋습니다. 반려견이 밸런스 보드에 완전히 적응했다면 맨몸 운동 때 했던 동작들을 밸런스 보드 위에서도 적용해봅니다. 하이파이브나 안녕, 앉아-일어나, 슈퍼 포인팅, 터그 놀이 등을 보드 위에서 진행하면 밸런스 운동의 난도를 높일 수 있으며 근력 강화에도 도움이 됩니다.

밸런스 디스크

밸런스 디스크, 밸런스 패드 또는 밸런스 쿠션을 사용한 밸런스 운동법은 밸런스 보드를 이용한 방법과 유사합니다. 밸런스 디스크를 이용하는 운동은 밸런스 돔볼이나 짐볼을 이용하는 것보다 쉬운 편이어서 대부분의 반려견이 쉽게 해냅니다.

반려견이 밸런스 디스크 위에 발을 올리고 서게 합니다. 앉거나 엎드려도 좋습니다. 불안정한 표면 위에서 균형을 잡으려고 하는 것만으로도 충분한 운동이 되

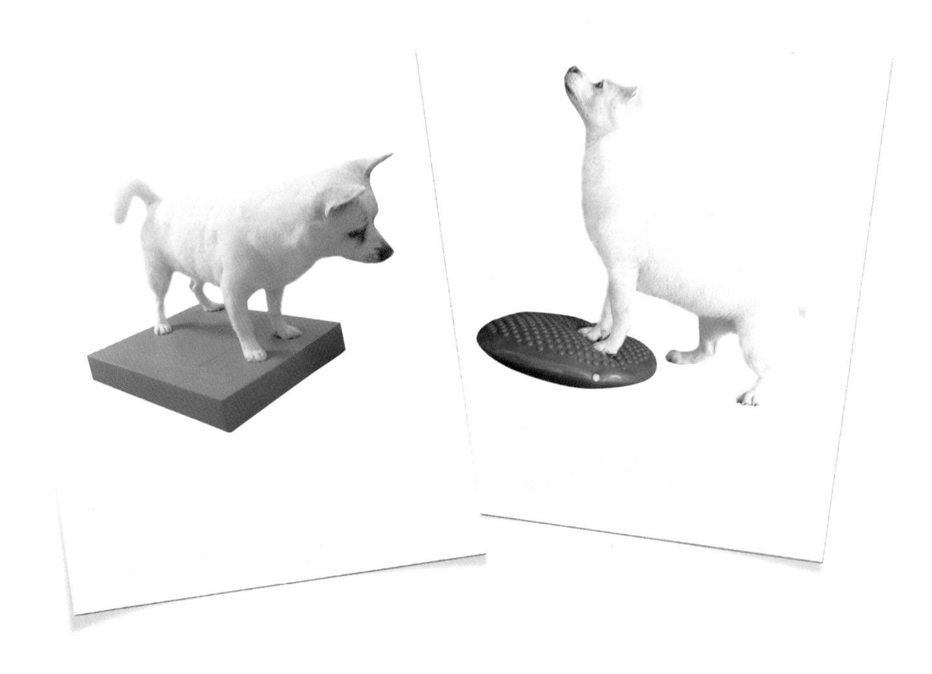

기 때문입니다.

의자 또는 높이가 다른 밸런스 디스크 여러 개를 이용할 수도 있습니다. 의자 위에 앞다리를 올리고 밸런스 디스크 위에 뒷다리를 올린 상태로 유지하면, 뒷다리의 균형감각과 근력을 강화할 수 있습니다. 높이가 다른 밸런스 디스크 여러 개를 이용하여 각각에 반려견의 발을 올려두게 하면 운동의 강도가 더 높아지며, 네 다리의 균형감각과 근력을 키우는 데 도움이 됩니다.

반려견의 컨디션에 따라 조절해서, 한 번에 5~10분 정도씩 하루에 1~3회 해주면 좋습니다. 밸런스 디스크 위에서도 맨몸 운동 때 익혔던 동작들을 적용하면서 운동을 심화할 수 있습니다. 맨몸 운동은 한 번에 5~10회 반복하며, 하루에 두 번에서 세 번 정도 적용하면 좋습니다.

 밸런스 돔볼

밸런스 돔볼은 돔볼, 밸런스 볼, 보수 볼 등의 다양한 이름으로 불립니다. 필라테스에서도 자주 사용하는 운동 기구로, 균형감각과 고유수용성감각을 강화하는 데 좋습니다. 고유수용성감각은 몸의 위치와 자세를 파악하는 감각을 말합니다. 예를 들어 반려견의 발가락이 굽혀진 상태로 바닥을 딛고 있다면, 반려견 스스로 자세가 이상하다고 여기고 발가락을 펴서 평소처럼 발을 딛게 됩니다. 그런데 고유수용성감각에 문제가 있다면, 발가락이 굽혀진 상태로 서 있어도 반려견이 이를 바로잡지 않고 엉거주춤한 자세를 유지하게 됩니다. 고유수용성감각이 무너지면 정상적인 자세를 유지하기 어려우므로 굉장히 중요한 운동감각입니다.

밸런스 돔볼 운동을 할 때도 간식 등으로 반려견에게 동기를 부여해서 적응시킵니다. 먼저 반려견이 밸런스 돔볼에 앞다리를 올리고 서는 데 적응하게 합니다. 보호자는 밸런스 돔볼을 여러 방향에서 눌러주면서 다리를 골고루 자극해줍니다. 충분히 적응했다면 뒷다리를 올리는 연습을 하고, 나중에는 밸런스 돔볼 위에서 서는 운동도 시도해봅니다.

반려견의 상태에 따라 적용 빈도는 달라질 수 있지만, 일반적으로 한 번에 5~10분 정도씩 하루에 한 번에서 세 번 정도 해주면 좋습니다. 운동을 잘한다면 밸런스 돔볼 위에서 앉아-일어나 등 맨몸 운동 동작을 하게 하면서 난도를 올릴 수 있습니다.

에어 매트리스

캠핑용 또는 가정용 에어 매트리스를 사용해서 운동을 시켜줄 수 있습니다. 이 역시 밸런스와 고유수용성감각을 향상하는 데 도움이 됩니다. 처음에는 에어 매트리스에 공기를 가득 채워 반려견이 매트리스 위에서 자세를 잡을 수 있게 합니다. 가볍게 서 있는 데 적응했다면, 에어 매트리스 위에서 맨몸 운동 동작을 수행하게 합니다. 충분히 적응했다면, 매트리스의 공기를 조금 빼서 위에서 있기 불안정한 상황을 만들어봅니다.

반려견의 상태에 따라 다르지만, 한 번에 5~10분 정도씩 하루에 두 번 정도 반복하면 좋습니다. 그 이후에 사이드 스테핑을 포함한 맨몸 운동 동작을 다시 수행하거나, 매트리스 위를 걸어 다니게 하여 균형감각을 강화하는 운동을 합니다.

02

짐볼 운동

짐볼은 널리 사용되는 운동 도구인 만큼 활용 범위도 넓습니다. 반려견에게도 다양한 운동 목적을 달성하기 위해 짐볼을 이용한 홈 트레이닝을 시킬 수 있습니다. 짐볼을 활용한 동적 스트레칭으로 유연성을 키울 수 있고, 밸런스 운동을 심화해 난도를 올릴 때도 적용할 수 있습니다. 코어와 다리의 근력을 강화하는 운동도 할 수 있습니다. 코어 근육이 단련되어 있으면, 다양한 신체 활동을 하기가 수월해집니다. 동물병원에서는 질환 때문에 반려견이 제대로 서지 못할 때 짐볼을 이용해 제대로 설 수 있도록 하는 재활치료를 하기도 합니다.

 어떤 짐볼을 선택할까?

짐볼의 종류는 매우 다양하며, 반려견에게 적합한 것을 선택하면 됩니다. 주로 사용하는 것으로는 도넛 짐볼, 짐롤, 땅콩 짐볼 그리고 일반적으로 익숙한 형태인 구형의 짐볼이 있습니다. 난도는 나열한 순서대로 점차 어려워집니다. 즉 도넛 짐볼이 가장 쉬운 편이고, 구형 짐볼의 난도가 가장 높습니다. 짐롤은 원통 모양으로 생겼으며, 땅콩 짐볼은 가운데가 잘록한 땅콩 모양으로 생겼습니다. 이처럼 바닥과 접촉면이 넓을수록 안정적이므로 운동의 난도가 낮은 경향이 있습니다.

평소 보호자가 사용하던 작은 크기의 구형의 짐볼이 있다면 그것을 사용해도 괜찮지만, 가능하다면 짐롤이나 땅콩 짐볼을 사용하는 것이 좋습니다. 짐롤과 땅콩 짐볼이 반려견의 체형 특성상 적용하기에 보다 적합하고, 처음에 적응하기에도 더 수월하기 때문입니다.

짐볼에 적응하기

반려견이 처음 짐볼을 보면 크고 위협적이라고 느껴 두려워할 수도 있습니다. 하지만 짐볼은 무서운 물건이 아니고, 짐볼에 부딪혀도 딱히 아프지 않다는 것을 점차 일깨워주면 잘 적응해서 짐볼 운동을 즐겁게 할 수 있습니다. 적응 훈련을 시키겠다고 반려견에게 짐볼을 가지고 위협하는 것은 금물이며, 반려견의 몸에 짐볼이 잠시 닿게 한 뒤에 간식을 준다든지 하면서 괜찮다는 것을 인식시켜야 합니다.

반려견이 짐볼을 두려워하지 않는다면 짐볼 운동을 시작합니다. 짐볼을 사용하기에 앞서 발톱이 너무 길다면 잘라줍니다. 처음에 짐볼 운동을 시킬 때는 가능하다면 난도가 낮은 짐볼을 먼저 사용하는 것이 좋습니다. 또는 짐볼에 바람을 좀 덜 넣어서 바닥과 짐볼의 접촉점, 짐볼과 반려견 몸의 접촉점을 넓혀주면 안정감이 생깁니다. 또 마찰력이 커져 운동을 좀 더 쉽게 할 수 있습니다. 반려견이 충분히 적응했다면 짐볼에 공기를 팽팽하게 넣어서 운동의 난도를 높여줍니다.

 볼리스틱 스트레칭

짐볼의 탄성을 이용해서 동적 스트레칭인 볼리스틱 스트레칭을 해줄 수 있습니다. 도넛 짐볼은 바닥에 안정적으로 있는 편이기에 보호자 혼자서 스트레칭을 해줄 수 있습니다. 그렇지만 짐롤이나 땅콩 짐볼, 일반 짐볼은 안전을 위해서 되도록 보호자 두 명 이상이 함께하면서 한 명은 짐볼을 안정적으로 받쳐주는 것이 좋습니다. 짐볼을 사용한다는 점을 제외하고는 일반적인 동적 스트레칭과 방법이 같습니다.

앞서 봤듯이 동적 스트레칭은 근육에 시원한 자극이 오는 지점에서 반동을 주는 운동 방법입니다. 볼리스틱 스트레칭도 마찬가지입니다. 스트레칭할 부위를 서서히 늘려주다 보면 반려견이 시원한 자극을 느끼는 지점에서 근육이 약간 긴장되는 것을 느낄 수 있는데, 이때 짐볼의 탄성을 이용해서 살짝 반동을 주면 됩니다. 기존의 동적 스트레칭 방법에서는 보호자가 반려견의 몸을 직접 움직여서 바운스를 줬다면, 짐볼을 이용한 동적 스트레칭에서는 짐볼의 탄성을 이용해서 바운스를 줍니다.

뒷다리는 땅에 딛고 앞다리를 짐볼 위에 올린 상태에서, 짐볼을 눌러 튕겨주면서 어깨와 앞다리에 볼리스틱 스트레칭을 해줄 수 있습니다. 위아래로 조심스럽게 반동을 주도록 합니다. 난도가 높아서 수행하기 어렵지만, 반대로 할 수도 있습니다. 즉 뒷다리를 짐볼 위에 올린 상태로 엉덩 관절과 발목 관절을 늘여주는 방법입니다. 몸 전체가 짐볼 위에 올라간 상태에서도 볼리스틱 스트레칭을 할 수 있습니다. 배를 대고 앉은 상태로, 다리가 스트레칭되도록 앞다리를 앞으로 뻗은 자세를 잡게 한 뒤에 짐볼을 눌러서 위아래로 반동을 줍니다.

 다이내믹 밸런스

짐볼을 활용하여 다이내믹 밸런스 운동을 진행하면 균형감각을 강화하고, 조화로운 운동을 할 수 있도록 협응력을 키울 수 있습니다. 다이내믹 밸런스 운동을 할 때는 반려견이 다치지 않도록 두 명 이상이 보조해주면 좋습니다.

짐볼을 이용한 밸런스 운동은 밸런스 보드, 밸런스 디스크, 밸런스 돔볼, 에어매트리스에서 수행하는 밸런스 운동과 비슷합니다. 먼저 앞다리를 짐볼 위에 올려서 적응 운동을 하게 하며, 반려견이 균형을 잘 잡을 수 있도록 옆에서 보조해줍니다. 움직이는 짐볼 위에서 정지 상태로 균형을 잡으려고 노력하는 것 자체가 뒷다리와 몸통의 아랫부분을 단련하는 데 도움이 됩니다.

앞다리와 몸통 윗부분을 단련하려면 뒷다리를 짐볼 위에 올리고 균형을 잡게 합니다. 앞다리로 무게를 지탱하고 밸런스를 맞추게 되

므로 근력과 균형감각이 향상됩니다. 짐볼 운동은 한 번에 5회를 반복하고, 운동 능력이 향상되면 점차 증가시켜 10~15회까지 수행합니다. 하루에 두세 번 반복해주면 운동 효과가 좋습니다.

롤링

반려견의 팔꿈치 관절 정도 높이에 오는 짐롤이나 땅콩 짐볼을 이용하여 롤링 운동을 합니다. 반려견의 앞다리를 짐볼에 올린 상태에서 짐롤이나 땅콩 짐볼을 서서히 굴리는 연습을 합니다. 반려견이 잘 굴린다면 좀 더 큰 짐롤을 사용해서 앞뒤로 굴리게 합니다. 다리와 몸통 근육이 자극되므로 다리 근력과 코어 근육을 강화하는 데 좋습니다. 짐볼이 갑자기 굴러서 반려견이 넘어지거나 다치는 일이 없도록 두 명 이상이 잘 보조해주는 것이 좋습니다. 한 번에 5~10분씩 하루에 1~3회 반복하며, 반려견의 운동 능력에 따라 조절해도 됩니다.

헤드 인 어 박스

반려견이 짐볼에 앞다리를 모두 올린 자세로 균형을 잘 잡는다면, 자세를 유지한

상태에서 고개를 여러 방향으로 돌려 목운동을 하게 해줍니다. 직접 손으로 고개를 돌려주어도 되지만, 간식을 이용해서 반려견의 시선을 따라 목이 자연스럽게 움직이도록 하면 더 수월합니다. 짐볼 대신 밸런스 패드나 의자를 이용해도 비슷한 효과를 기대할 수 있습니다. 10~15회 정도 반복합니다.

 슈퍼 싯다운

슈퍼 싯다운은 앞다리를 짐볼에 올린 다이내믹 밸런스 자세에서 무릎을 굽혀서 앉는 운동입니다. 앉을 때는 무릎에 무리가 가지 않도록 정면으로 앉게 합니다. 슈퍼 싯다운 운동은 주로 도넛 짐볼 또는 짐롤을 활용해서 수행합니다. 몸이 흔들리면서 운동 효과가 생기기 때문에 흔들리는 것은 괜찮지만, 넘어지면 다칠 수 있으므로 넘어지지 않도록 잘 보조해줍니다.

 슈퍼 스탠딩

다이내믹 밸런스의 연장선에 있는 운동으로, 앞다리와 뒷다리를 각각 짐볼에 올리는 운동에 적응했다면 네 다리 모두를 짐볼에 올리는 슈퍼 스탠딩을 시킬 수 있습니다. 네 다리를 모두 짐볼 위에 올린 채 정지 자세를 유지하는 매우 어려운 동작으로, 코어 근육을 강화하는 데 특히 좋습니다.

짐볼 위에서 슈퍼 스탠딩을 하기 어렵다면, 난도를 낮춰 밸런스 돔볼 위에서 슈퍼 스탠딩을 하게 해도 좋습니다. 짐볼에서 슈퍼 스탠딩을 처음으로 할 때는 사이즈가 큰 짐볼을 사용하는 것이 더 쉬우며, 코어가 강화되고 균형감각이 좋아지면 점차 작은 크기의 짐볼을 이용합니다. 슈퍼 스탠딩 운동을 하면 관절 안정성이 좋아지고, 심폐 기능과 지구력도 강화됩니다.

슈퍼 스탠딩 운동을 하면서 균형을 잡으려면 몸 전체의 코어 근육을 활용해야 하므로 운동의 강도가 높습니다. 그러므로 슈퍼 스탠딩은 무리해서 장시간 하지 말고, 짧은 시간 동안만 하게 하는 것이 좋습니다. 30초~1분 정도만 하루에 두세 번 반복해도 충분합니다. 또한 짐볼이 굴러가면 그 위에 있던 반려견이 떨어져서 사고를 당할 위험이 있으므로, 항상 주의해야 합니다. 한 사람은 공이 굴러가거나 갑자기 많이 움직이지 않도록 짐볼을 신경 쓰면서 운동을 위해 조금씩만 움직여줍니다. 반려견이 안정적으로 균형을 취하고 있을 때, 짐볼을 살짝 눌러서 바운스해주면 운동 효과를 극대화할 수 있습니다. 또 한 사람은 반려견이 넘어지거나 미끄러져서 떨어지는 일이 없도록 반려견을 보조해줍니다.

슈퍼 포인팅

짐볼을 이용한 슈퍼 포인팅 운동 방법은 맨몸 운동과 밸런스 운동에서 적용했던 방법과 같습니다. 다만 부드럽거나 불안정한 표면에서 하면 더 어려워진다는 점을 이용해서 운동의 강도를 높이기 위해 짐볼을 이용한다는 점이 다릅니다. 따라서 구형의 짐볼에서 할 때 운동의 난도가 가장 높습니다.

맨몸 운동과 밸런스 운동에서 슈퍼 포인팅을 충분히 연습했고 반려견이 슈퍼 스탠딩을 익숙하게 수행할 수 있다면, 짐볼에서 슈퍼 포인팅을 시도해볼 수 있습니다. 짐볼 위에 안정적으로 선 상태에서 대각선 방향에 있는 두 다리를 동시에 들어 올려 유지하게 합니다. 처음에는 3~5초 정도 유지하게 하고, 점차 늘려서 30초씩 세 번 하는 것을 목표로 합니다.

싯-투-스탠드 온 볼

싯-투-스탠드 온 볼은 맨몸 운동에서 익혔던 앉아-일어나 운동을 짐볼 위에서 하는 것입니다. 싯-투-스탠드 온 볼은 주로 도넛 짐볼에서 시키면 좋습니다. 짐볼과 같이 불안정한 표면에서 앉아-일어나를 하면 균형감각이 강화됩니다. 또한 엉

덩이 근육, 허벅지 등의 다리 근육과 코어 근육이 집중적으로 단련됩니다. 바닥에서 앉아-일어나를 할 때와 마찬가지로 한쪽으로 기울여서 앉거나 일어서면 관절에 무리가 갈 수 있으므로, 대칭이 되게 앉았다가 일어날 수 있도록 지도해줍니다.

03

장애물 운동

장애물을 이용해서 운동하면 반려견이 평소와 다른 방식으로 움직이게 되므로 쓰지 않던 근육을 자극해주는 효과가 있습니다. 장애물 운동이라고 하면 지레 겁을 먹을 수도 있지만, 가구 또는 간단한 도구들로 집에서도 쉽게 해볼 수 있습니다. 활동적인 동작이 많기 때문에 신체를 단련한다기보다는 놀이처럼 느껴지기도 합니다.

터널

반려견의 몸 크기를 고려해서 너무 크지 않은 터널을 골라주어야 더 나은 운동 효과를 기대할 수 있습니다. 유아용 터널이나 반려묘용 터널 등 시중에 다양한 종류가 나와 있으니 적당한 것을 활용하면 됩니다. 터널을 통과하려면 몸을 웅크려서 기어 다녀야 하기 때문에 몸통 근육과 다리 근육이 강화됩니다. 또 관절가동범위가 넓어져서 일정 부분 스트레칭 효과도 기대할 수 있습니다.

크롤

크롤은 기어 다니는 동작으로, 터널을 활용한 운동도 크롤의 일종이라고 볼 수 있습니다. 크롤 운동을 할 때는 다른 운동과 마찬가지로 바닥이 미끄럽지 않도록 요가 매트 등을 깔아주는 것이 좋습니다.

반려견에게 더 쉽게 크롤을 시키기 위해 장애물을 이용합니다. 처음에는 높은 높이부터 통과시키고 점차 높이를 낮춰줍니다. 집에 있는 가구들을 이용해서 크롤 운동을 시켜줄 수 있습니다. 처음엔 반려견이 몸을 많이 숙이지 않아도 지나갈 수 있도록 비교적 높은 의자 밑을 기어가는 연습부터 하게 합니다. 잘 적응한다면 높이가 낮은 의자나 티테이블 밑에서도 크롤 운동을 하게 합니다.

높이를 여러 단계로 조절할 수 있는 카발레티 폴caveletti pole과 콘cone을 사용하면 더 체계적으로 운동시킬 수 있습니다. 카발레티 폴과 콘은 가벼운 소재의 막대

기와 주차금지 고깔처럼 생긴 도구로 재활치료에서 종종 사용합니다.

 장애물 달리기

장애물을 넘는 운동은 근육을 강화하고 협응력을 높이며, 관절의 가동범위를 키우는 데 도움이 됩니다. 장애물을 넘으려면 다리를 들어 올려야 하므로 앞다리와 뒷다리의 다리 굽힘 근육들을 강화하는 데 특히 효과가 좋습니다. 장애물 달리기 운동이긴 하지만 꼭 달려야만 하는 것은 아닙니다. 장애물을 넘으며 걷는 것만으로도 충분히 운동이 됩니다. 처음에는 장애물을 건너면서 천천히 걷는 것부터 시작하고, 적응이 되면 점점 빨리 걷다가 나중에는 뛰는 것으로 단계를 높여가도 좋습니다.

장애물이 떨어지거나 넘어졌을 때 반려견이 다치지 않도록, 장애물은 잘 고정할 수 있고 가벼운 소재로 된 것을 사용하는 것이 좋습니다. 카발레티 폴과 콘이 사용하기에 편리하지만, 가벼운 PVC 소재로 된 봉 등을 이용해서 고정하는 방식으로 직접 만들어 사용해도 무방합니다.

장애물 달리기를 할 때는 장애물을 적절한 간격으로 배치해야 합니다. 장애물 사이의 간격은 한 걸음 정도가 좋습니다. 장애물을 넘고 몇 걸음 걸은 뒤에 다음 장애물을 넘는 구조라면 운동의 효과가 떨어질 수 있습니다. 처음에는 장애물을 1~2개 정도만 준비해서 장애물 자체에 적응하는 훈련을 해줍니다. 그러고 나서 장애물의 개수를 점점 늘려줍니다.

장애물 달리기는 왕복 3~5회 정도 해주고, 적응하면 10~15회 정도로 운동량을 늘려줍니다. 하루에 두 번 정도 반복하면 좋습니다. 또한 앞으로만 가는 것이 아니라 뒤로, 옆으로 움직이도록 응용해도 좋습니다. 예를 들어 맨몸 운동에서 다뤘던 사이드 스테핑을 하면서 장애물을 넘게 할 수도 있습니다. 이때는 목줄이나 가슴줄을 착용한 상태로, 반려견의 앞과 뒤를 사람이 보조하면서 옆으로 장애물을 넘도록 안내합니다.

계단 오르내리기

계단 운동은 체력 소모가 큰 운동으로, 심혈관계에 긍정적인 영향을 주며 다리를 펼 때 사용하는 앞다리와 뒷다리의 펴짐 근육을 강화하는 데 효과가 좋습니다. 계단을 오를 때 뒷다리의 사두근과 엉덩이 근육이 강화되며, 내려올 때 앞다리의 이두근과 삼두근이 강화됩니다.

집이 복층이나 2층 이상이라서 계단이 있다면, 그곳에서 운동을 시켜주면 됩니다. 계단이 혹시 미끄럽다면 미끄럼 방지를 위한 조치를 해주어야 합니다. 집에 계단이 없다면 반려견용 계단을 만들거나 구입해서 사용하면 됩니다. 나무, 상자, 고탄력 스펀지 등을 이용해서 반려견 맞춤 계단을 만들어줄 수 있습니다. 침대나 소파 높이까지 오는 반려견용 계단을 이용해도 됩니다. 침대나 소파에서 바로 뛰어내리면 관절에 충격을 줄 수 있으므로, 반려견이 종종 뛰어내리는 성격이라면 평소에도 계단을 이용하게 하는 것이 좋습니다.

계단을 마련했다면, 처음에는 움직임에 집중할 수 있도록 의도적으로 천천히 움직이게 합니다. 점차 운동 속도를 높이다 보면, 계단을 뛰어오르고 뛰어내리는 운동도 잘 따라 하게 됩니다. 계단의 높이에 따라 다르지만, 일반적인 건물의 1층 높이 계단을 기준으로 처음에는 1~3회 정도 오르내리면서 운동합니다. 1~2회로도 충분한 운동이 되지만, 난도를 올리고 싶다면 반려견의 체력에 따라 한 번에 3~5회 정도, 많게는 10회까지 횟수를 늘려줍니다. 하루에 2~3회 정도를 반복하면 더욱 효과가 좋습니다. 간이 계단을 이용한다면 한 번에 3~5분씩 하루에 1~2회 정도 해주면 좋습니다.

04

수중 운동

강아지들은 대부분 수영을 잘하는 편입니다. 가르쳐주지 않아도 물에 들어가면 자연스럽게 수영을 하는 개들이 많습니다. 혹여 반려견이 수영을 잘하지 못하더라도, 물속에서 걸어 다니는 것만으로도 여러 운동 효과를 볼 수 있습니다.

예를 들어 수중 러닝머신을 이용해서 물속에서 걷는 운동은 반려견의 재활을 돕는 대표적인 치료 방법 중 하나입니다. 집에서 수중 러닝머신을 갖추고 재활치료를 해주기는 어렵지만, 욕조에서 간단한 수중 운동을 하게 해줄 수는 있습니다. 반려견과 물놀이를 함께한다면 재미도 있고 건강도 좋아지며, 즐거운 추억을 만들 수 있을 것입니다.

 기대 효과

수중 운동은 재미있고 즐겁기 때문에 반려견의 웰빙에도 기여합니다. 그뿐 아니라 관절과 근육의 힘도 길러줍니다. 비만견이 운동을 하면 관절에 무리가 많이 가는데, 수중 운동은 관절에 부담을 적게 주므로 비만견이나 관절이 안 좋은 반려견에게 특히 효과가 좋습니다. 수중 운동을 꾸준히 하면 관절가동범위를 개선한다는 연구 결과도 많습니다.

또한 심혈관계를 안정시키며, 물이 가하는 압력의 영향으로 순환이 촉진되어 부종이 감소합니다. 운동 중 부상의 위험도 비교적 적고, 통증이 있는 반려견의 통증을 완화해줄 수 있습니다. 이와 같은 수중 운동의 효과를 자세히 이해하기 위해서는 우선 물의 성질을 이해하는 것이 좋습니다.

수중 운동 이해하기

❶ 비중

물의 비중은 1입니다. 반면 지방은 약 0.92이고, 근육은 1.09, 뼈는 2.01 정도입니다. 물의 비중인 1을 기준으로, 비중이 1보다 작으면 물에 뜨기 쉽고, 비중이 1보다 크면 가라앉습니다. 따라서 비만일수록 지방이 많아서 물에 잘 뜰 수 있으며, 마를수록 상대적으로 가라앉기 쉽습니다. 반려견이 말랐다면 열심히 움직이면서 수영해야겠지요. 반면 비만이라면 조금은 편안하게 물에 뜰 수 있어서 부담이 덜할 수 있습니다. 비만견에게 수영은 최적의 운동 중 하나로, 반려견에게 다이어트를 시킬 때 수영을 병행하는 것도 좋습니다.

❷ 물속에서의 체중

개의 뒷다리 발목 관절까지 물이 차 있으면 체중의 91%에 해당하는 무게만 지탱하게 됩니다. 무릎까지 물이 차 있으면 85%, 그리고 엉덩이까지 물이 차 있으면 체중의 38%만을 실질적으로 지탱합니다. 따라서 물속에 있으면 체중을 감당해야 하는 부담이 적어지므로, 관절에 부담을 주지 않고 운동을 할 수 있습니다. 반려견

지탱해야 하는 체중의 비율

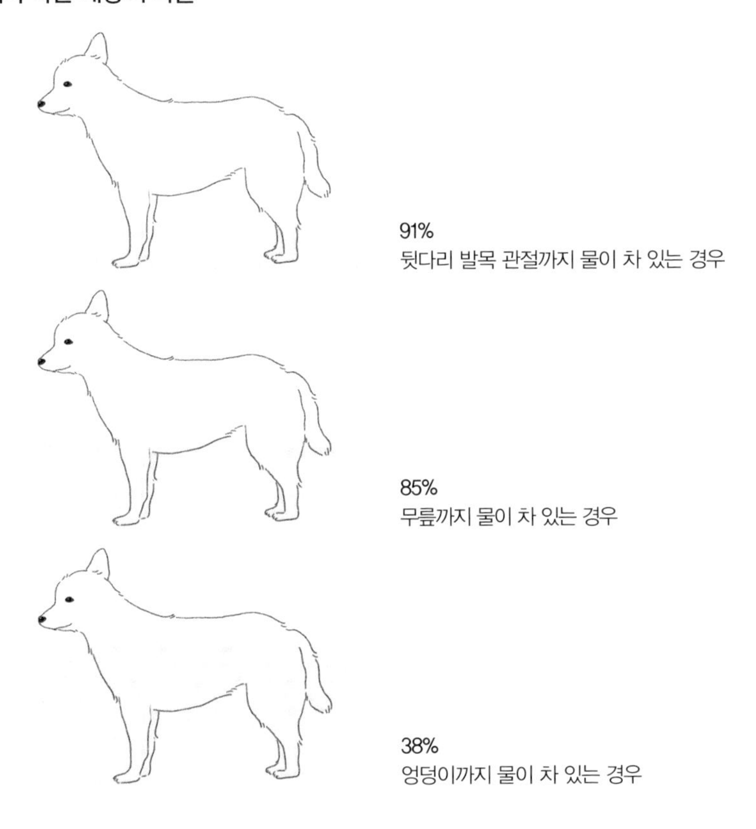

이 비만이거나 관절에 질환이 있다면 물속에서 운동하게 해주면 좋습니다. 관절에 무리를 덜 주면서도 근력을 키울 수 있기 때문입니다.

❸ 정수압

몸이 물속에 잠겨 있으면, 물의 밀도와 깊이에 따라 몸에 추가적인 압력이 가해집니다. 압력이 몸에 고루 가해지기 때문에 붓기와 부종을 해소하는 데 도움이 됩니다. 특히 다리 쪽은 순환이 원활하지 못해서 부종이 발생하기 쉬운데, 다리를 물속에 담가주면 정수압의 영향을 받아 순환이 촉진되므로 부종이 완화됩니다. 수중 운동은 대개 물속에서 걷거나 수영하는 것을 포함하는데, 운동 자체도 순환 촉진 효과가 있기에 부종을 감소해주는 효과를 이중으로 볼 수 있습니다. 또한 압력이 감각신경에 자극을 주어서 통각에 대한 과민성이 떨어지므로 통증을 덜 느끼게 됩니다.

❹ 저항력

물 밖에서보다 물속에서 걸을 때 더 힘이 듭니다. 물의 저항을 뚫고 나아가야 하기 때문입니다. 그래서 물속에서 운동을 하면 근력을 강화하는 효과가 있습니다. 그리고 저항력 때문에 물속에서는 넘어지기가 쉽지 않습니다. 발을 잘못 디뎌도 물의 저항이 몸을 받쳐주기 때문입니다. 마치 슬로 모션처럼 천천히 넘어지기 때문에 완전히 넘어지기 이전에 반응해서 자세를 바로잡을 시간적 여유가 있습니다. 이처럼 저항력은 운동을 보조하는 힘으로도 작용하기에, 비만이나 관절염이 있는 반려견들은 익숙해지고 나서는 물 밖에서 다니는 것보다 물속에서 걷거나 수영하는 것을 더 즐기기도 합니다.

수중 운동을 할 때 주의사항

수중 운동은 반려견에게 여러 가지 긍정적인 영향을 줍니다. 하지만 반려견이 최근에 수술을 받은 적이 있거나 정형·신경 질환이 있어서 아프다면, 수중 운동을 하기에 부적합한 상태일 수도 있습니다. 먼저 수의사와 상의하여 수중 운동을 할지 말지를 결정해야 하고, 만일 수중 재활치료가 필요하다면 집에서 하기보다 동물병원에서 전문적인 치료를 받아야 합니다. 그 밖에 피부에 상처가 있을 때도 물에 닿으면 좋지 않으므로 상처가 다 나은 다음에 해야 합니다.

건강한 반려견일지라도 수중 운동을 할 때는 상태를 자세히 관찰해야 합니다. 반려견이 피곤해 보인다면 바로 휴식을 취하고, 이어서 하더라도 수영 시간을 줄이고 휴식 시간을 늘려줍니다. 반려견의 혀가 파래지거나 몸을 부들거리며 떤다면 바로 중단합니다. 또한 숨을 가쁘게 쉬거나 불규칙하게 쉬는 등 호흡 이상이 발생했을 때도 즉시 중단합니다. 반려견의 움직임이 느려지거나 욕조 밖으로 나오려고 한다면 운동을 멈춰야 합니다.

대부분의 반려견이 수영을 잘하지만, 물을 무서워하는 반려견도 있습니다. 물 공포증이 있다면 억지로 수중 운동을 시켜선 안 되고, 물에 대한 공포증을 먼저 치료해주어야 합니다.

수중 운동하기

우리나라에서는 주로 소형 품종의 개를 키우기 때문에, 집에서도 비교적 양질의 수중 운동을 시켜줄 수 있습니다. 수중 운동을 하기에 앞서 욕조에 물을 받아야 합니다. 욕조가 없다면 공기를 넣어 부풀려서 사용하는 형태의 풀장이나 조립식 가정용 풀장을 이용해도 좋습니다. 몸집이 매우 큰 대형견을 키운다면 욕조가 작을 수도 있으니 가정용 대형 풀장을 이용하거나 애견 수영장, 동물병원 재활 센터 등에서 수중 운동을 시키는 편이 좋습니다. 반려견 입장이 가능한 계곡에 데려가도 괜찮습니다. 다만, 유속이 센 곳은 조심해야 합니다. 야외 활동을 할 때는 사고에 대비해서 목줄이나 가슴줄을 반드시 채워주도록 합니다.

적당한 물의 깊이는 운동의 목표에 따라 달라집니다. 수영에 본격적으로 적응하기 전에 물과 친해지는 시간을 가지면서 운동하게 해주고 싶다면, 발목 또는 무릎 정도까지만 잠기게 물을 받습니다. 장난감이나 잘게 자른 간식 등으로 유인해서 반려견이 발을 물에 담근 채로 욕조 안을 걷도록 유도합니다. 이렇게 물속에서 걷는 것은 관절이 아플 때 더 편하게 운동하는 데 도움이 됩니다. 반면 수영을 시키는 것이 목표라면 몸이 어느 정도 잠길 수 있도록 반려견의 엉덩이 깊이 이상으로 물을 받아줍니다. 몸이 잠긴 상태에서 같은 방법으로 걷기 운동을 하게 해도 좋지만, 자연스럽게 헤엄을 할 수 있도록 유도해서 다양한 방법으로 물놀이를 즐길 수 있도록 도와줍니다.

반려견이 물속에서 심하게 불안해한다면 무리해서 수영을 시키지 않도록 합니다. 수영을 즐기지만 아직 익숙하게 하지는 못하는 단계라면 구명조끼 등의 보조용품을 이용해서 도움을 줍니다. 구명조끼가 없다면 임시로 아기 포대기나 수건 등으로 반려견의 몸통 밑을 받쳐서 욕조 수영에 적응하도록 도와줄 수도 있습니다. 보호자가 반려견의 몸통을 살며시 안아서 보조해도 좋습니다. 반려견은 대체로 보호자와 접촉점이 많을수록 안정감을 느낍니다. 보호자와 반려견이 함께 들어갈 수 있는 곳에서 수영을 한다면 훨씬 안정감을 느끼겠지요. 수영에 대한 자신감을 키워주기 위해서는 짧게 수영하고 안아주기를 반복하는 것이 반려견 홀로 한 번에 오래 수영하는 것보다 좋습니다. 수영은 자연스럽게 할 때 효과가 가장 좋으므로 수영에 잘 적응할 수 있도록 도와줘야 합니다.

반려견이 물에 어느 정도 친숙해졌다면 내구성이 좋은 물놀이용 장난감을 이용해서 몰입도와 재미를 높일 수 있습니다. 터그 놀이를 하거나 물에 장난감을 띄워서 반려견이 마음내로 가지고 놀게 해도 좋습니다. 장난감을 활용하면 다양한 자세로 움직이게 되기 때문에 자연스럽게 여러 부위가 골고루 운동이 됩니다. 반려견이 장난감을 물고 수영을 해도 숨을 쉬기 편하도록 가운데가 뚫린 장난감을 사용하는 것도 좋은 방법입니다. 작은 스낵 형태의 간식을 직접 주거나 물에 띄워서 주어도 반려견이 즐겁게 놀 수 있습니다. 하지만 이 경우, 매우 드물긴 하지만 간식을 먹으려다가 물을 너무 많이 마셔 토할 수도 있습니다. 물에 간식을 띄워서 주는 방법을 쓰려면 먹어도 괜찮은 물인지 확인해야 하고, 간식의 양도 수중 운동의 흥미를 높이는 정도로만 적당히 주도록 합니다.

수영 시간은 세션당 되도록 30분 이내로 하고, 중간에 짧게 여러 번 휴식을 취하면서 반려견의 상태를 확인해야 합니다. 반려견의 상태가 좋지 않다면 수영을 중단하고, 최소한 20분 이상은 물속에 들어가지 말아야 합니다.

집에 있는 욕조가 월풀 욕조라면 반려견에게 사용했을 때도 좋은 효과를 기대할 수 있습니다. 물이 몸에 부딪히면서 부종을 감소하고 순환을 촉진하기 때문입니다. 비슷한 효과를 내고 싶다면, 물속에서 물장구나 파도를 쳐도 좋습니다. 다만 이때는 물이 튀겨서 눈이나 귀로 들어가지 않게 조심해야 합니다.

집에서 수중 운동을 시켜줄 때 물의 온도는 29~34℃ 정도가 적합합니다. 추운 계절에는 따뜻하도록 32~34℃로, 더운 계절에는 시원하도록 29~31℃로 맞춰주면 좋습니다. 반려견의 무릎이 안 좋거나 근육을 이완시켜주고 싶다면, 32~34℃의 따뜻한 물을 준비해주는 것이 좋습니다. 더운물에서 열심히 운동하다 보면 몸에서 열이 날 수도 있는데, 반려견이 더워한다면 물 밖으로 나와 쉴 수 있도록 합니다. 물 밖으로 나오면 몸에 묻은 물이 마르면서 체온이 낮아집니다.

킥보드로 밸런스 운동하기

반려견의 무게가 18kg 이하라면 수중 운동과 병행하여 킥보드 위에서 밸런스 운동을 시켜줄 수 있습니다. 킥보드 위에 반려견이 무게중심을 잘 잡고 서도록 올려줍니다. 물에 빠지는 상황에 대비해서 구명조끼를 입혀줘도 좋습니다. 이때 반려견에게서 눈을 떼지 않도록 주의합니다. 킥보드를 이용한 밸런스 운동은 밸런스 보드를 이용하는 것과 비슷한 효과를 얻을 수 있습니다. 밸런스 보드에서 넘어지면 바닥에 부딪혀서 다칠 수 있는데, 킥보드에서 넘어지면 물에 빠지게 되므로 외상을 입을 위험은 좀 더 적은 편입니다.

부록

마음의 안정을 위한 배치 플라워

배치 플라워란?

배치 플라워 레머디Bach flower remedy는 영국의 의사인 에드워드 배치Edward Bach 박사가 만든 자연 치유법입니다. 배치 박사는 '치유는 반드시 우리 내면에서 비롯되어야 한다'는 신념으로 자연에 존재하는 치유의 힘을 연구했습니다. 그는 신이 아픈 곳을 치유해줄 아름다운 식물들을 마련해줬다는 믿음을 바탕으로, 여러 가지 꽃에서 성분을 추출해 에센스를 만들었고, 총 38가지 레머디의 배치 플라워를 정립했습니다.

반려견에게도 배치 플라워를 적용하나요?

배치 플라워는 사람에게 도움을 주는 것처럼 반려견의 심신을 변화시키고 힘을 줄 수 있습니다. 적용하기에 앞서 반려견의 입장에서 생각하면서 반려견이 처한 상황을 이해하고 심리 상태를 파악해야 합니다. 이를 바탕으로 적절한 도움을 줄 수 있는 레머디를 선택하여 적용합니다.

국내에도 배치 플라워 프랙티셔너Bach Foundation Registered Practitioners가 있는데, 배치 재단의 교육 과정을 이수한 공인 배치 플라워 전문가들입니다. 그리고 동물과 관련하여 배치 플라워 적용의 전문성을 인정받은 배치 플라워 동물 프랙티셔너Bach Foundation Registered Animal Practitioners도 있습니다. 이처럼 국내에도 배치 플라워를 다루는 훌륭한 전문가가 많으므로, 이들과의 상담을 통해 반려견에게 맞는 레머디를 선택하는 것이 좋습니다.

I 배치 플라워 적용 방법

반려견의 잇몸이나 귀, 발바닥에 한 방울 정도 떨어뜨린 뒤에 문질러줍니다. 일반적으로는 선택한 레메디를 반려견이 마시는 물그릇에 두 방울 떨어뜨려서 먹이는 형태로 적용해줍니다.

배치 플라워 레메디는 부작용이 적고 안전합니다. 하지만 추출 과정에서 알코올이 소량 함유되는 제품도 있으므로, 가장 좋은 방법은 반려동물용으로 나온 알코올 무첨가 제품을 사용하는 것입니다.

또는 반려견에게 맞게 여러 가지 레메디를 조합하여 사용할 수도 있습니다. 이때는 30ml(1oz)의 빈 병을 마련하여 원하는 레메디를 두 방울씩 떨어뜨립니다. 레메디를 여러 개 쓸수록 효과가 비례해서 좋아지는 것은 아니지만, 필요하다면 총 6~7개까지 혼합해서 사용할 수도 있습니다. 이대로 냉장 보관하면 2~3주 정도 사용할 수 있고, 장기간 상온에 두고 사용할 예정이라면 보존을 위해 식물성 식용 글리세린을 1tsp 정도 넣어주어도 괜찮습니다. 레메디를 다 넣은 병의 남은 공간을 물로 채워 잘 섞은 것을 트리트먼트 보틀이라고 부르는데, 이를 네 방울씩 하루에 네 번 정도 반려견에게 적용해주면 됩니다.

| 레스큐 레메디란?

레스큐 레머디rescue remedy는 가장 잘 알려진 배치 플라워 혼합 레머디 중 하나입니다. 스타 오브 베들레헴star of Bethlehem, 록 로즈rock rose, 체리 플럼cherry plum, 임페이션스impatiens, 클레마티스clematis 등 다섯 가지 레머디가 혼합된 것으로, 긴박한 상황에서 반려견이 효과적으로 안정을 찾을 수 있도록 도와줍니다. 동물병원에 갈 때나 천둥이 칠 때 등 반려견이 무서워할 때 적용하면 효과가 좋습니다. 레스큐 레머디 네 방울을 반려견의 물그릇에 타주거나, 혹은 네 방울을 반려견의 입안으로 직접 넣어줍니다.

배치 플라워에 관심이 있다면 레스큐 레머디를 먼저 사용해보고, 이후로도 사용해보고 싶거나 관심이 간다면 전문가와의 상담을 통해 현재 반려견의 상태에 맞는 레머디를 적용하도록 합니다.

두려움이 많은 반려견을 위한 처방

록 로즈 rock rose

평소 두려워하는 대상에 갑자기 노출되었거나 갑작스럽게 심하게 아프다면, 반려견도 두려움과 공포를 느끼는 공황 상태에 빠질 수 있습니다. 마치 몸이 얼어붙은 듯이 당혹해하며 힘들어할 때 록 로즈를 적용해주면 좋습니다.

반려견이 두려워하는 대상은 다양합니다. 천둥이나 번개를 무서워하는 반려견도 있고, 다른 개나 사람을 무서워하는 반려견도 있습니다. 무서워하는 대상에 갑작스럽게 가까이 또는 과도하게 노출된다면 심한 공포감을 느껴서 꼬리를 뒷다리 사이로 숨기거나 몸의 무게중심을 뒤로 빼는 등의 몸짓 언어를 보일 수 있습니다. 이러한 공포감과 두려움이 엄습할 때 록 로즈가 반려견의 스트레스를 덜어주며 도움을 줄 수 있습니다.

미뮬러스 mimulus

반려견이 두려움을 느끼는 이유가 명확할 때 미뮬러스를 적용해주면 도움이 됩니다. 예를 들어 반려견이 천둥소리에 공포를 느낀다면, 천둥이 칠 때 미뮬러스를 사용해줍니다. 또는 동물병원이나 미용실에 가는 것을 무서워한다면 동물병원이나 미용실에 갈 일이 있을 때 미뮬러스를 적용해줍니다. 이처럼 반려견이 특정 상황이나 특정 대상에 공포감을 보여서 두려움의 원인을 파악할 수 있다면, 미뮬러스를 적용해서 반려견에게 용기를 북돋아 줄 수 있습니다.

또한 미뮬러스는 부끄럼을 타거나 낯을 많이 가리는 성격의 반려견에게도 자신감을 불어넣어 삶을 즐길 수 있도록 도와줍니다.

아스펜 aspen

이유 없이 막연한 두려움이 엄습할 때 아스펜이 도움이 될 수 있습니다. 아스펜은 원인을 알 수 없는 두려움과 불안을 완화해줍니다.

반려견이 느낀 막연한 두려움은 실질적인 행동으로 나타나기도 합니다. 아무 일도 일어나지 않았는데 반려견이 부산스럽게 주위를 맴돌거나, 덥지 않은데도 혀를 내밀고 헉헉거리며 숨을 쉴 수도 있습니다. 꼬리나 귀가 처지고, 심한 경우 무서워서 소변을 지리는 배뇨 실수를 하기도 합니다. 또는 안락함을 느끼는 반려견만의 장소에 숨어 있기도 합니다.

아무런 일도 없고, 아무 소리도 나지 않는데 반려견이 갑자기 불안한 듯 방 안을 서성거리며 배회하거나, 갑자기 허공을 향해서 짖는다면 아스펜이 필요한 순간일 수 있습니다.

체리 플럼 cherry plum

체리 플럼도 두려움을 느낄 때 사용하는 레머디입니다. 다만 다른 레머디들과 차이가 있다면, 자제력을 잃고 그릇된 행동인 줄 알면서도 행하려 하는 충동 때문에 긴장감을 느끼는 상황에 사용합니다. 주로 반려견이 흥분해서 행동을 통제하기 어려운 상태일 때 체리 플럼을 적용합니다.

예를 들어 반려견이 자제력을 잃고 다른 사람이나 동물 또는 자신에게 해를 입히는 행동을 할 때, 반려견이 소파를 뜯거나 신발이나 옷 등의 물건을 심하게 물어뜯어서 자꾸 망가뜨릴 때 체리 플럼이 이러한 행동을 자제시키는 데 도움을 줄 수 있습니다. 놀이를 할 때 심할 정도로 격하게 행동하거나 예측할 수 없는 행동을 하는 반려견에게도 체리 플럼을 적용할 수 있습니다.

자제하려는 마음과 통제력을 잃은 행동 간에 괴리가 생겨 두려움의 늪에 빠져 있는 반려견에게 마음의 평화를 안겨주고, 이성적인 사고를 하도록 도움을 줍니다.

레드 체스트넛 red chestnut

보호자에 대한 의존도가 높아서 온통 보호자 생각뿐인 반려견에게는 레드 체스트넛이 좋습니다. 사랑하는 사람 또는 동물에 대한 과도한 우려와 걱정에서 오는 두려움과 불안감이 있을 때 레드 체스트넛이 도움을 줄 수 있습니다. 반려견이 보호자를 과도하게 걱정한 나머지, 다른 사람이나 동물들로부터 과잉보호를 하려 한다면 레드 체스트넛이 필요한 순간입니다. 예를 들어 손님이 와서 악수를 했는데 반려견이 그 손님

을 향해 짖거나 공격하는 경우가 이에 해당합니다.

레드 체스트넛은 불안감을 해소하고 자존감을 향상시켜 좋은 관계를 회복하는 데 효과적입니다. 적절한 행동 교육과 함께 레드 체스트넛을 적용해준다면 반려견도 보호자와 건강한 신뢰 관계를 형성하고 평온을 유지할 수 있습니다.

확신이 없는 반려견을 위한 처방

세라토 cerato

반려견 스스로는 아무 결정도 내리지 못하고 눈치를 보면서 보호자가 결정해주기만을 바란다면 세라토가 도움이 될 수 있습니다. 이러한 유형의 반려견은 대체로 다른 사람들의 눈치도 엄청나게 살피며, 다른 동물들과도 잘 어울리지 못합니다. 성견이 되어서도 이러한 반려견들은 자신의 결정과 판단한 것을 믿지 못해서, 보호자의 지시만을 따르거나 다른 반려견들의 행동을 모방하기만 할 뿐 먼저 나서서 행동하지 못합니다. 보호자에게 상당히 의존적이기에 심한 경우 보호자가 없을 때는 아무것도 하지 못하는 지경에 이르기도 합니다.

이처럼 자신감이 부족하고 소극적이며 늘 보살핌이 필요한 갓난아기처럼 행동하는 반려견에게 세라토가 필요할 수 있습니다. 세라토는 스스로에 대한 믿음을 가질 수 있도록 도와주고, 스스로 내린 결정에 자신감을 가지고 따를 수 있도록 힘을 줍니다.

스클레란서스 scleranthus

반려견이 선택에 서툴거나 결정을 잘 하지 못하는 성격이라면 스클레란서스가 도움이 될 수 있습니다. 보통 겉으로 보기엔 조용한 성격이지만, 내면에 고민이 많은 반려견에게 스클레란서스가 필요합니다.

이런 반려견들은 선택의 갈림길에 놓였을 때 쉽게 결정을 하지 못하고 혼자서 끙끙거리며 변덕을 부립니다. 예를 들어 반려견이 밥을 먹을 때도 먹을까 말까 망설이거나, 장난감을 가지고 놀 때도 놀까 말까 망설이는 듯한 행동을 한다면 스클레란서스가 필요할 수 있습니다. 이른바 결정장애가 있어서 이랬다가 저랬다가 주저하는 행동을 자주 하는 우유부단한 반려견에게 스클레란서스는 결단의 힘을 선물해줍니다.

젠션 gentian

젠션은 용담을 말합니다. 여러 가지 이유로 반려견의 기분이 처져 있을 때 사용해주면 좋습니다. 반려견이 풀 죽어 있거나 의기소침한 상태에 젠션을 적용하면 기운을 되찾을 수 있습니다. 예를 들어 훈련이나 교육을 받을 때 잘 하지 못하거나 칭찬을 받지 못해서 기가 죽어 있다면 젠션을 사용할 수 있습니다.

객관적으로 봤을 때는 크게 절망적인 상황이 아니더라도 쉽게 기운을 잃거나 실망하는 유형의 반려견에게 주로 도움을 줄 수 있습니다. 아파서 기운이 없을 때 힘을 줄 수 있으며, 식욕을 회복하는 데에도 도움을 줍니다. 물론 음식이라면 사족을 못 쓰는 반려견이 갑자기 잘 먹지 않는다면 젠션만 주어서는 안 되고 먼저 동물병원에 가서 진료를 받아야 합니다.

고스 gorse

고스는 가시금작화를 말합니다. 희망이 보이지 않는 절망적인 상황에서 믿음과 용기의 손길을 건네는 레머디입니다. 이른바 '강아지 공장'이라고 불리는 번식 농장이나 식용견을 키우는 농장에 갇혀 있다가 구조된 개, 질병에 걸려서 너무 아픈 나머지 삶의 의욕을 잃은 개에게 고스가 힘이 될 수 있습니다. 이처럼 질병으로 인한 통증이 심해서 절망적인 상태일 때 또는 갇히거나 억류되어 마음속에 깊은 상처가 남아 있는 개에게 효과적입니다. 출산 후 새끼를 잃었거나 새끼를 다른 곳에 입양 보낸 뒤 상실감에 젖어 있는 어미에게도 고스를 적용해줄 수 있습니다.

마음 둘 곳을 잃고 자포자기한 동물들에게 고스는 긍정적인 기운을 전파해서 심리적으로 회복의 길로 들어설 수 있도록 합니다. 상처를 극복하고 희망을 되찾는 데 도움을 줍니다.

혼빔 hornbeam

혼빔은 서어나무를 말합니다. 일요일 밤이 되면 월요일이 오는 것이 두려워지는 것처럼, 무언가를 실제로 시작하기도 전에 막연하게 힘든 기분이 들 때 이를 해소하는 데 도움이 됩니다.

별다른 사건이나 질병이 없는데도, 반려견이 득도한 것처럼 세상만사에 관심이 없고 침대를 벗어나지 않는다면 혼빔을 적용해줄 수 있습니다. 예전에는 산책하러 나갈 것 같으면 신이 나서 문 앞으로 달려갔는데 요즘에는 아무런 반응도 없고, 기운이 없어 보여서 동물병원에 데리고 갔는데 건강상 아무런 문제가 없었다면, 피로의 원인이 몸이 아닌 마음에 있는 상태일 수 있습니다. 반려견 나름대로 감정적인 슬럼프를 겪고 있을지도 모릅니다. 이럴 때 반려견에게 혼빔을 적용하면 정신적 및 육체적인 힘을 회복하게 될 것입니다.

와일드 오트 wild oat

와일드 오트는 야생귀리입니다. 삶의 목표를 찾지 못해서 무엇을 해야 좋을지 모르는 상태로 길을 잃었을 때 도움을 주는 레머디입니다.

우리에겐 잘 알려져 있지 않은 다양한 산업 분야에서 사역견들이 임무를 수행하고 있습니다. 높은 경쟁률을 뚫은 개들이 훈련을 마친 뒤 공항이나 군대 등에서 사람은 하기 어려운 수색 작업을 맡아서 하고, 앞을 보기 어려운 사람들을 위한 안내견으로도 활동합니다. 또는 아이들이나 노인을 위로해주고, 치료 과정에서 도움을 주는 보조 역할을 하기도 합니다. 어떤 사역견들은 도그 쇼나 도그 스포츠 경기에 참여하기도 합니다. 이렇게 활동을 많이 하다가 은퇴하고 나면 활동량이 갑자기 줄어서 마음이 공허해지거나 방황할 수 있습니다. 이때 와일드 오트가 허전한 마음을 채워주고 삶의 기쁨을 알게 해줍니다. 욕심이 많아서 무엇을 해도 채워지지 않아 불만이 생길 때도 와일드 오트가 도움을 줄 수 있습니다.

마음이 뜬 반려견을 위한 처방

| 클레마티스 clematis

현실 상황에 잘 집중하지 못하는 반려견에게는 클레마티스가 필요할 수 있습니다. 주의력이 깊지 않아서 훈련이나 교육을 하기 어려운 반려견이 이에 해당합니다. 질병이나 상처 때문에 훈련받은 동작을 수행하지 못하는 상태가 아니라, 신체적인 능력이 충분한데도 노력하지 않고 다른 생각을 하거나 넋 놓고 있느라 집중을 하지 못하는 유형입니다. 어딘가 졸려 보이고 잠이 덜 깬 것 같은 느낌을 주기도 하며, 삶과 주위의 사건이나 환경에 관심이 없어 보이는 반려견에게 클레마티스가 필요합니다.

이런 유형의 반려견들은 현실 상황에 관심이 없고 둔하며 게으른 성격을 가진 것처럼 보일 수 있으며, 낮에도 종종 낮잠을 자면서 꿈을 꿉니다. 반려견이 부주의하고 집중력이 없다면 클레마티스를 적용해서 집중력을 향상할 수 있습니다.

| 허니서클 honeysuckle

허니서클은 인동덩굴을 말합니다. 과거를 그리워하며 추억하느라 현재를 잘 돌보지 않는 반려견에게 허니서클을 적용할 수 있습니다. 예를 들어 새로 입양 온 반려견이 예전 가족이나 어미를 그리워하며 기운이 없고 밥을 잘 먹지 않는 경우가 이에 해당합니다. 또는 명절이나 휴가로 보호자가 잠시 집을 비웠거나 반려견을 애견호텔이나 동물병원 등에 맡겼을 때, 가족이 그리운 나머지 잠깐 동안의 새로운 환경에 적응하지 못하는 반려견도 있습니다. 함께 살던 또 다른 반려견의 사망이나 가족의 부재로 인한 후유증을 겪을 수도 있습니다.

이처럼 과거에 대한 향수에 매몰되어 아프거나 기운이 없는 상태라면 허니서클을 사용해서 새로운 환경에 적응하도록 도와줄 수 있습니다. 과거에 대한 과도한 집착은 현재를 소홀히 한다는 점에서 바람직한 상태가 아닙니다. 반려견이 건강하게 과거를 추억하면서 현재도 소중히 즐길 수 있도록 도와주려면 허니서클을 적용하여 상태를 호전시킬 수 있습니다.

| 와일드 로즈 wild rose

와일드 로즈는 들장미를 말합니다. 주위에 무관심하고 무심한 성격을 가진 탓에 모든 것을 초월해버린 것처럼 삶에서 아무런 의미를 느끼지 못하는 무기력한 반려견에게 적합합니다. 또는 모든 것을 내려놓아 더는 개선을 위한 시도나 노력, 기대를 하지 않는 상태의 반려견에게도 도움을 주는 레머디입니다. 환경이 좋지 않은 강아지 공장이나 식용으로 개를 키우는 농장 등의 시설에서 오랜 시간 지내면서 삶의 의욕을 잃어버린 개들이 여기에 해당합니다. 이런 시설에서 사랑과 보살핌을 충분히 받지 못하고 마음의 문을 굳게 닫아버려서 새로운 가정에 가서도 마음의 문을 쉽게 열지 않는다면, 와일드 로즈를 적용해서 도움을 줄 수 있습니다.

장기간의 투병으로 힘든 시기를 겪어서 삶의 의욕이 꺾이고, 무기력해 모든 것을 수용하거나 체념한 반려견에게도 와일드 로즈를 이용하면 의욕을 심어줄 수 있습니다. 어느 정도의 목표 의식과 원동력을 가질 수 있도록 긍정적인 자극을 주고 활력을 불어넣어 줍니다.

올리브 olive

에너지를 많이 소모해서 지치고 피곤한 상태일 때 올리브가 도움을 줄 수 있습니다. 힘든 시기를 견디면서 에너지를 많이 쓴 탓에 기운이 빠진 상태에 효과적입니다. 심각한 질병으로 몸과 마음이 황폐해졌을 때, 새끼를 낳아서 탈진했을 때, 지나치게 혹독한 운동이나 훈련으로 지쳤을 때가 이에 해당합니다. 기운을 회복하고 생명력을 얻기 위해 올리브 레머디를 보조적으로 활용할 수 있습니다. 살아가는 것이 너무 힘겨울 때 기운을 북돋아 주는 레머디입니다.

고난의 시기를 이겨내고 다시 나아가 달리기 위해서는 재충전의 시간이 필요합니다. 올리브는 활력을 회복하고 기운을 차리는 데 힘을 보태줄 수 있습니다.

화이트 체스트넛 white chestnut

화이트 체스트넛은 생각이 꼬리에 꼬리를 물고 이어져서 마음속의 평화가 깨지고, 집중하는 데 방해가 되는 상태일 때 도움을 주는 레머디입니다. 꼭 우려나 걱정이 아니더라도, 반려견이 오늘 먹은 사료에 대해서 떠올린다든지 잡다한 생각들을 많이 해서 산만해진 상태일 때도 도움이 됩니다.

사실 반려견이 무슨 생각을 하는지 보호자가 정확히 알 길은 없기에, 반려견에게 화이트 체스트넛을 적용하기에는 다소 어려움이 있을 수 있습니다. 다만 산책이나 놀이를 해주는 사람이 없어서 무료한 일상을 보내는 반려견들이 대체로 끝없는 걱정이나 생각에 빠지기 쉽습니다. 이러한 이유로 반려견이 불안 증상을 보이기 시작한다면 화이트 체스트넛이 도움이 될 수 있습니다.

피곤한 개가 가장 행복한 개라는 말이 있습니다. 잡다한 생각과 걱정들이 뇌를 떠돌며 마음을 괴롭힐 때, 기운이 빠질 때까지 운동을 하고 나면 머리가 맑아지고 개운한 느낌마저 들지 않던가요? 반려견도 마찬가지입니다. 충분히 놀고 충분히 운동한다면 무의미한 생각이나 걱정의 굴레에서 벗어나 보다 건강하고 행복하게 지낼 수 있을 것입니다.

머스터드 mustard

사람과 마찬가지로 반려견도 평소와 다를 것 없는 아침이지만 어느 날은 문득 별다른 이유가 없이도 기분이 가라앉고 우울한 마음이 들 때가 있습니다. 이처럼 반려견이 눈꼬리를 내리고 불쌍한 표정이나 우울한 표정을 짓거나, 예고 없이 찾아온 우울한 기분 때문에 꼬리마저 축 처져 아무것도 하지 않으려 할 때 머스터드를 적용해줄 수 있습니다. 머스터드는 문득 감정에 먹구름이 끼었을 때 또는 원인 없이 찾아온 갑

작스러운 슬픈 감정에 빠져서 우울할 때, 이를 해소하고 평온한 마음을 되찾는 데 도움이 됩니다.

체스트넛 버드 chestnut bud

사고뭉치 반려견이 경험에서 배우지 못하고 계속 같은 잘못과 실수를 반복한다면 체스트넛 버드가 필요할 수 있습니다. 계속 같은 실수를 하면서 머물러 있다면 배변·배뇨 훈련, 산책 훈련 등의 기본적인 에티켓 교육조차도 어려워집니다. 이런 반려견에게 체스트넛 버드는 반복되는 나쁜 생활 방식이나 습관을 끊고 더는 되풀이하지 않도록 도와줍니다. 비슷한 사고나 실수를 자주 일으키는 반려견에게 배움과 발전을 가져다주고, 깨달음을 얻게 도와주는 레머디입니다.

체스트넛 버드는 반려견이 객관적으로 실수를 되짚어보고, 실수를 자양분 삼아 앞으로 나아갈 수 있도록 도와줍니다. 학습을 돕고 같은 실수를 반복하지 않도록 체스트넛 버드를 적용하면서, 인내심을 갖고 반려견을 따뜻하게 교육해주세요. 체스트넛 버드와 록워터를 함께 적용해도 좋은 효과를 기대할 수 있습니다.

외로움을 타는 반려견을 위한 처방

| 워터 바이올렛 water violet

워터 바이올렛은 친화력이 떨어지는 반려견에게 적용하면 좋은 레메디입니다. 보호자가 집에 돌아왔을 때도 반겨주지 않고 심지어 꼬리를 흔들어 주지도 않는 도도한 성격이라면, 워터 바이올렛이 친화성과 사회성을 높이는 데 도움을 줄 수 있습니다. 이러한 성향의 반려견들은 딱히 뚜렷한 애정을 보이지도 않고, 사람이나 동물을 서먹서먹하게 대합니다. 다만 아픈 것을 숨기려고 혼자 있고 싶어 하는 것일 수도 있으니, 갑작스러운 성격 변화가 있다면 동물병원에 가서 어딘가 이상이 있는 건 아닌지 확인해봐야 합니다. 아파서 혼자 있으려고 하는 상태일 때도 워터 바이올렛이 보조적인 도움을 줄 수는 있지만, 질병에서 나아 건강을 찾기 위해서는 반드시 진료를 받아야 합니다.

독립적인 성향이 정서적으로는 오히려 건강한 것일 수 있지만, 유대관계를 쌓고 가족이 되는 과정에서는 어느 정도 서로를 믿고 기대는 마음이 필요합니다. 사회성이 떨어지고, 스스로 지나치게 똑똑하거나 영리하다고 생각하는 기질이 있으며, 다른 사람이나 반려견들과 잘 어울리지 못하고 늘 혼자라면 워터 바이올렛이 사회적인 성향을 함양하도록 도움을 줄 수 있습니다.

I 임페이션스 impatiens

임페이션스는 봉선화를 말합니다. '참을성 없음, 성급함'이라는 뜻의 'impatience'와 발음이 같습니다. 여기서 힌트를 얻을 수 있는데, 임페이션스는 참을성이 없고 성급한 반려견에게 주로 적용합니다.

성급한 성격의 반려견은 에너지도 넘치기 때문에, 보호자가 산책 준비를 하는 것 같다면 미리 문 앞으로 달려가 한참을 기다립니다. 또한 산책할 때도 보호자를 앞질러 뛰어다닙니다. 비협조적이고 급한 성격이기에 차분하게 차근차근 훈련을 받는 것은 불가능에 가깝습니다. 무슨 일이 있는 것도 아닌데도 항상 집 안 곳곳을 바쁘게 돌아다니기 때문에 다른 반려견보다 활동량이 많습니다. 기다리는 것을 싫어하고 무언가 하고 싶은 것들을 즉흥적으로 하는 걸 좋아하는 편이어서 종종 혼자서 놀기도 합니다. 이러한 성격의 반려견에게 임페이션스를 사용하면 인내심과 차분함이 길러지며, 협력하는 자세를 익히게 됩니다.

I 헤더 heather

늘 관심과 사랑을 받고 싶어 하며 외로움을 많이 타는 반려견에게는 헤더가 도움을 줍니다. 자꾸 짖거나 사고를 쳐서 관심을 끌려고 하는 반려견에게는 헤더가 필요합니다. 심한 경우 보호자가 봐주기를 바라는 듯이 화장실이 아닌 곳에서 보호자를 쳐다보며 소변을 누기도 합니다. 보호자가 집에 돌아오면 잠시도 가만히 두지 않고 관심을 달라는 듯이 장난을 치거나 애교를 부립니다. 긴 시간 혼자 보내는 것을 아주 싫어하기 때문에 혼자 남게 됐을 때는 이런 행동이 심해져서 시끄럽게 짖고, 집 안을 아수라장으로 만들기도 합니다. 이렇게 관심을 받길 원하지만 정작 보호자의 말이나 지시에는 무관심한 경우가 많습니다.

이처럼 혼자 있는 것을 못 견디고 관심을 끌기 위해 시끄럽게 굴거나 파괴적인 행동을 하는 반려견은 사실 마음이 외로워서 그런 것일 수 있는데, 헤더가 행동 개선에 도움을 줄 수 있습니다.

환경에 지나치게 예민한 반려견을 위한 처방

| 아그리모니 agrimony

상황이 전혀 그렇지 못한데도 애써 밝게 행동하는 반려견에게는 아그리모니가 도움이 됩니다. 반려견들의 초롱초롱하고 맑은 얼굴을 볼 때면, 강아지들은 아무 걱정이 없어서 좋겠다는 생각이 들기도 합니다. 하지만 사실 티를 내지 않을 뿐 반려견들도 스트레스를 받고 걱정도 합니다. 특히 대부분의 반려견은 아픈 것이 드러나면 도태된다는 자연의 본성을 지니고 있기 때문에 아프고 통증이 심할지라도 참을 때가 많습니다. 겉으로는 건강하고 활기차 보이지만, 사실은 온몸에 암이 전이되어 말기 암으로 진단받는 경우도 있습니다. 물론 아플 때는 아그리모니만 주어서는 안 되고 치료를 받아야 합니다.

얼핏 즐겁고 행복해 보이지만 내면에는 슬픔과 걱정이 있을 때 아그리모니가 도움을 줄 수 있습니다. 예를 들면 이전의 보호자한테 학대를 당했거나, 좁은 공간에서 반복적으로 출산을 하며 힘든 시간을 보내온 개들은 티를 내지 않더라도 정서적으로 충격을 받았을 수 있습니다. 이처럼 심리적 또는 신체적인 상처가 있지만 이를 잘 표현하지 않는 동물에게 아그리모니를 준다면 차분해지는 것을 느낄 수 있습니다.

아그리모니가 스트레스와 불안을 덜어주지만, 만병통치약인 것은 아닙니다. 반려견이 여전히 밝지만 어딘가 아프거나 불편해 보인다면 동물병원에서 진료와 치료를 받아야 합니다. 한편 반려견이 느끼는 불안감의 원인이 따로 있거나 보호자의 적절하지 않은 행동이나 훈련 방식이 원인이라면, 불안감의 원인을 없애주고 반려견을 대하는 법을 익히는 것이 좋습니다.

센토리 centaury

센토리는 거절을 하지 못하는 수동적인 성격의 반려견에게 필요한 레머디입니다. 배려심이 깊고 착한 본성을 가졌기에, 보호자나 함께 사는 다른 반려견들이 좋은 본성을 알아보고 서로 위하면서 지낸다면 더할 나위 없이 행복하게 살아갈 수 있습니다. 보호자를 굉장히 좋아하고 아끼기 때문에 보호자가 집에 돌아오면 엄청나게 반기면서 격하게 애정을 표현합니다. 보호자가 행복하면 스스로 행복함을 느끼는 성격이기에 항상 잘하려고 노력하고 애교도 많습니다. 집에 있을 때는 항상 보호자 주위를 맴도는 편이고, 보호자가 장난을 쳐도 잘 받아줍니다. 하지만 함께 사는 다른 반려견들이 강하고 지배적인 성향이라면 희생적 성격의 반려견이 항상 참고 양보하는 상황이 벌어질 수 있습니다.

착한 반려견이 보호자를 기쁘게 하려는 강박에 빠져 지쳐 보이거나, 착한 성격 때문에 다른 반려견들에게 괴롭힘을 당한다면 센토리가 도움이 될 수 있습니다. 센토리는 반려견의 마음을 열어, 그동안 숨기고 있던 개성과 색깔을 찾아가는 데 도움을 줍니다. 또한 아프고 난 뒤에 약해진 상태이거나 컨디션이 좋지 않은 상태일 때도 센토리를 적용하면 좋습니다.

월넛 walnut

월넛에는 외부의 영향에 휘둘리지 않도록 보호해 주는 힘이 있습니다. 새로운 가족이 생기거나 다른 곳으로 이사를 하는 등의 환경 변화가 있을 때, 적응하는 과정에서 반려견이 스트레스를 받을 수 있습니다. 월넛은 변화의 시기에 반려견이 스트레스를 지혜롭게 극복하고 새로운 환경에 잘 적응할 수 있도록 도와줍니다. 외부의 영향으로부터 보호하면서 반려견이 변화에 완전히 적응할 때까지 안정을 찾을 수 있도록 해줍니다. 반려견에게도 변화의 시기인 생애 전환기가 있는데, 월넛은 내부에서 찾아온 큰 변화인 생애 전환기를 큰 문제 없이 순탄하게 보낼 수 있도록 힘을 줍니다.

미국의 한 지침에 따르면 개는 살면서 유년기puppy, 청년기junior, 성년기adult, 성숙기mature, 노년기senior, 초고령기geriatric의 생애주기 단계를 거치게 됩니다. 이러한 생애주기 단계가 넘어가는 시점이 바로 생애 전환기입니다. 이 시기에는 다양한 신체 변화가 일어나고 이에 따른 심리적인 적응 기간도 필요합니다. 월넛은 반려견이 생애 전환기에 큰 스트레스 없이 자연스럽게 적응하도록 도움을 줍니다. 과거에 머물러 있지 않고, 앞으로 건강하게 나아갈 수 있도록 반려견을 지지해줍니다.

홀리 holly

특별히 두려운 상황이 아닌데도 공격성을 보이는 반려견은 보호자에게 혼이 났거나 함께 사는 다른 반려견들과 싸운 경우, 호시탐탐 기회를 노리다가

복수를 시도하기도 합니다. 낯선 사람이나 강아지를 만나면 으르렁거리거나 달려들어서 공격하려고 하고, 동물병원에서도 수의사가 한눈을 판 사이 손가락을 무는 일도 있습니다.

이렇게 반려견이 공격성을 보인다면 행동 치료가 필요합니다. 곁에 있는 사람이나 동물이 다칠 수 있기 때문에 부정적인 감정을 극복하고 마음의 문을 열 수 있도록 적극적으로 행동 치료를 진행해야 합니다. 그 과정에서 홀리가 도움을 줄 수 있습니다. 질투와 시기, 분노, 짜증 등의 부정적인 감정이 강할 때 필요한 레머디입니다. 반려견의 내면에 잠들어 있던 관용의 마음과 온화함을 일깨우고 강화해줍니다.

혼자 힘들어하는 반려견을 위한 처방

| 라치 larch

라치는 자신에 대한 믿음이 없는 반려견에게 용기를 줍니다. 자신감이 없는 반려견은 또다시 실패나 고통을 겪지는 않을까 하는 두려움 때문에 새로운 환경에 부딪치고 새로운 훈련에 도전해보려고 하기보다는 자꾸 상황을 모면하려고만 할 수 있습니다.

과거에 학대를 당하는 등 힘든 시기가 있었거나, 사고로 다쳤거나, 질병 탓에 아픈 나머지 심리적으로 움츠러들었을 때 자신감이 떨어지고 회피하려는 행동을 보이곤 합니다. 또는 다른 반려견들과의 관계에서 괴롭힘이나 따돌림을 당했을 때도 자신감이 부족할 수 있습니다. 훈련을 받거나 새로운 운동을 시도해볼 때도 회피하려고 하고, 새로운 장난감으로 놀거나 할 때도 주저하거나 지레 겁부터 먹곤 합니다. 이런 반려견들에게는 라치가 자신감과 용기를 갖고 앞으로 나아갈 힘을 줍니다.

| 파인 pine

파인은 소나무를 말합니다. 자책을 많이 하는 성향의 반려견에게 파인이 좋은 에너지를 줄 수 있습니다. 열심히 했지만 잘 안 풀리는 일도 있고 뜻하지 않게 벌어지는 좋지 않은 일도 있는데, 자기 통제 범위를 넘어선 부분까지 자책하며 심하게 고통받는다면 오히려 상황이 더 나빠질 수 있습니다. 설령 결과가 좋지 않더라도, 어느 정도 자신을 칭찬해주며 보듬어주는 시간도 필요한 법입니다. 물론 제대로 하지 못한 것이 있다면 잘못을 인정하고 바로잡아야 하겠지만, 이 경우에도 죄책감에 휩싸여 판단력이 흐려진다면 결과적으론 부정적인 영향을 줄 수도 있습니다.

반려견은 실수했거나 보호자의 말을 잘 따르지 않아 혼이 났을 때 의기소침해질 수 있습니다. 또는 보호자가 이런저런 이유로 죄책감에 사로잡혀 있을 때 이러한 감정이 반려견에게 전이될 수도 있습니다. 예를 들어 반려견이 몹시 아파도 눈치채지 못하다가 나중에 그 사실을 알고 슬프기도 하고 미안한 감정이 들 수 있는데, 이런 감정이 반려견에게도 전해질 수 있다는 것입니다. 학교나 회사에서 큰 실수를 저질러서 우울해할 때도 반려견이 그 감정을 느낄 수 있습니다. 따라서 보호자 스스로도 되도록 긍정적인 태도를 유지하기 위해 노력해야 합니다. 반려견이 함께 감정적으로 힘들어한다면 밝은 에너지를 회복하기 위해 파인을 적용해도 좋습니다.

엘름 elm

엘름은 느릅나무를 말합니다. 자신의 능력치를 넘어서 너무 많은 것을 해내야 한다면 누구나 지치기 마련이죠. 반려견들도 마찬가지입니다. 보호자가 매일 엄격하고 어려운 훈련이나 강도 높은 산책, 운동 등을 오랜 시간 시킨다면 아무리 의욕과 체력이 넘치는 반려견이라 해도 지칠 수 있습니다. 평소 긍정적이고 능동적인 성격의 반려견이지만, 과도한 훈련이나 운동 탓에 지쳐서 잠시 내려놓고 싶은 상태에 이르렀을 때 엘름을 적용하면 좋습니다. 힘들고 지쳐 우울한 기분을 느낄 때 압도감이나 부담감을 완화해주어 다시 기운을 차릴 수 있도록 도움을 줍니다.

엘름은 과도한 활동 때문에 일시적으로 압도되는 느낌이 들어서 힘들 때, 재충전을 도와주는 휴가와 같이 회복을 도와줍니다. 또는 갑자기 아파서 일시적으로 힘든 상태일 때도 활용할 수 있습니다. 여러 가지 이유로 감당하기에는 너무 많은 것이 요구될 때 사용하는 레머디로, 반려견이 원래 성실하고 도전적인 성격이지만 능력치를 넘어선 상황에 놓여 위기를 겪을 때 도움을 줍니다.

스윗 체스트넛 sweet chestnut

스윗 체스트넛은 희망이 보이지 않을 때 위로가 되어주는 레머디입니다. 반려견의 경우 살면서 큰 좌절을 겪을 일이 많지는 않겠지만, 환경이나 특성에 따라서 때로는 심리적으로 괴로운 상태를 맞거나 희망의 빛이 하나도 보이지 않는 심한 좌절 상태를 겪을 수도 있습니다.

스윗 체스트넛은 사소한 부딪힘이나 실패가 있을 때 사용하는 것이 아니라, 학대 등 견디기 힘든 슬픔이나 극도의 정신적인 괴로움을 경험했을 때 사용합니다. 인내의 한계에 도달하고, 모든 가능성이 사라진 듯 가망이 없게 느껴져도 희망의 불꽃은 살아 있다는 위로를 건네주기 때문입니다. 큰 상실감을 느낀 반려견에게 힘을 주고, 학대를 받는 반려견에게 여전히 희망이 있다는 메시지를 전달해줄 수 있습니다.

스타 오브 베들레헴 star of bethlehem

반려견의 삶이 행복하도록 늘 지켜줄 수 있으면 좋겠지만, 뜻하지 않게 반려견의 삶에 큰 트라우마가 찾아왔다면 스타 오브 베들레헴을 적용해줄 수 있습니다.

학대로 인한 신체적 또는 정신적인 충격이 클 때 적용하거나, 교통사고 후유증으로 심한 공포와 트라우마를 겪을 때도 사용할 수 있습니다. 반려견이 아주 많이 아프거나, 큰 수술 이후 스트레스를 겪을 때 보조적으로 적용해줄 수도 있습니다. 가족이나 함께 사는 다른 반려견의 사망으로 정신적인 충격을 받았을 때도 스타 오브 베들레헴이 도움을 줄 수 있습니다.

윌로 willow

윌로는 버드나무를 말합니다. 역경이나 불행이 닥쳐오면 마음이 상하고 요동치기 마련입니다. 인간의 죽음에 대해 연구한 미국의 심리학자인 엘리자베스 퀴블러 로스Elisabeth Kubler-Ross는 저서 『죽음과 죽어감』에서 죽음을 받아들이는 과정에 대해 말했듯, 우리는 시련을 겪으면 처음에는 마음이 쓰린 나머지 현실을 부정하며 불평을 하거나 투덜대기도 하고, 외면하거나 도피하기도 합니다. 그러다가 점차 현재 가지지 못한 행복에 부러움을 느낌과 동시에 자신에 대한 연민과 우울감에 빠질 수 있습니다. 이러한 과정을 거치며 수용에 이르게 되지요.

인생에 찾아오는 크고 작은 시련들을 맞이할 때도 이와 비슷한 과정을 통해 문제를 받아들이고 헤쳐 나가게 됩니다. 반려견들은 이러한 심리적 변화를 뚜렷하게 보이는 것은 아니지만 힘든 상황이 닥쳤을 때 외면 및 우울과 유사한 행동을 보이기도 합니다. 보호자의 명령이나 지시에 비협조적으로 행동하거나 보호자가 아끼는 신발을 물어뜯는 등 보호자가 싫어하는 행동을 할 수도 있습니다. 이처럼 불만의 표시로 반려견이 부적절한 행동을 할 때 윌로가 도움을 줄 수 있습니다.

윌로는 부정적인 생각과 행동에서 비롯된 악순환을 끊어내고 좋은 성격을 회복하고 문제를 수용할 수 있도록 반려견을 돕습니다. 또한 용서하고 잊을 수 있는 관대한 포용력과 낙관주의를 심어줍니다.

오크 oak

오크는 참나무를 말합니다. 몸의 에너지가 고갈된 상태에서도 크게 티를 내지 않고 가족 구성원으로서 묵묵히 자기 역할을 해내는 꿋꿋한 성격의 반려견에게 오크가 도움이 될 수 있습니다. 반려견은 걱정 없이 사는 것처럼 느껴지겠지만, 그들도 여러 가지 이유로 스트레스를 받고 힘들어합니다. 그러나 지치고 힘들 때조차 속마음을 감추고 꿋꿋하게 지내는 반려견이 많은데, 이들에게 오크가 도움이 됩니다.

이런 반려견들은 많이 아파도 가족의 행복을 위해서 아픈 내색을 하지 않고 늘 웃으며 지내려고 노력하는 성격입니다. 이처럼 역경 속에서도 포기하지 않고 나아가는 힘을 가졌지만, 치료와 휴식이 필요한데도 쉬지 않으려고 하는 경향이 있습니다. 자기 힘으로 회복할 수 있는 범위를 넘어선 나머지 지쳐 있을 때 오크가 도움을 줄 수 있습니다.

크랩 애플 crab apple

크랩 애플은 꽃사과를 말합니다. 이 레머디를 적용하면 세정 효과를 얻을 수 있으며, 지나치게 청결에 집착하는 강박 증세를 완화하는 데 도움을 줍니다. 물론 항상 깨끗한 상태를 유지하는 것은 위생적이고 질병 예방 측면에서도 좋지만, 지나친 강박증이 있다면 적당히 풀어줄 필요가 있습니다. 예를 들어 너무 잦은 목욕은 오히려 피부 건강을 해칠 수도 있습니다. 반려견이 몸을 단장하는 데에만 몰입해 있다면, 다시 말해 대부분의 시간을 몸을 긁거나 털을 다듬고 몸 곳곳을 핥느라 보낸다면 크랩 애플을 적용해서 결벽증 해소에 도움을 줄 수 있습니다. 자신을 더럽다거나 청결하지 못하다고 여겨서 계속 청결을 관리하는 데 집착하는 것일 수 있기 때문입니다.

크랩 애플은 자신을 있는 그대로 받아들이고 불완전한 모습도 수용하는 마음 자세를 갖게 해줍니다. 하지만 지나치게 오랜 기간 반려견을 씻겨주지 않았거나, 반려견이 아토피나 감염성 피부 질환이 있을 때도 자꾸 몸을 핥거나 긁는 증상을 보일 수 있기 때문에 먼저 동물병원에서 진료를 받아야 합니다.

지나치게 간섭하려는 반려견을 위한 처방

| 치커리 chicory

소유욕이 강한 반려견에게는 치커리가 도움이 됩니다. 돌려받기를 바라고 사랑하는 것은 아니지만, 그래도 바라는 만큼의 사랑과 애정을 받지 못한다면 때로는 상실감을 느낄 수도 있습니다. 이러한 상실감은 부정적인 에너지로 작용할 수도 있기 때문에 조건 없이 사랑하는 자세가 요구되기도 합니다. 치커리는 사랑에 대해 대가를 바라지 않는 태도를 함양하는 데 도움을 줍니다.

사랑과 애정을 독차지하고 싶어 하는 반려견에게 치커리가 도움이 될 수 있습니다. 이러한 성격의 반려견은 늘 보호자에게 달라붙어 있으려 하며, 항상 보호자를 졸졸 따라다닙니다. 보호자가 시야에서 사라지는 것을 참지 못하므로 심지어 화장실까지 따라가기도 합니다. 보호자가 다른 사람이나 동물들과 친하게 지내면 질투하거나 시샘해서 보호자를 과잉보호하기도 하며, 관심을 받기 위해서 짖거나 집을 어지럽히기도 합니다. 보호자가 자신과 놀아주지 않고 자기 할 일에 몰두해 있거나 외출하려 할 때는, 짖거나 바짓가랑이를 물고 놔주지 않기도 합니다. 집이 비어 혼자 있을 때는 사랑과 관심을 차지하지 못했다는 불만으로 시끄럽게 짖고, 집을 엉망진창으로 만들기도 합니다.

이처럼 애정을 갈구한 나머지 보호자에게 과도하게 의존적으로 행동한다면 치커리가 도움을 줄 수 있습니다. 사랑을 왜곡하고 집착해서 부정적인 영향을 주는 상태가 지속하지 않도록, 반려견이 조건 없는 사랑을 할 수 있도록, 그리고 혼자서도 자유로워질 수 있도록 도와줍니다.

| 버베인 vervain

열정이 불타올라서 모든 일에 강한 의지를 보이는 반려견에게 버베인은 편안한 휴식을 취하도록 도움을 줍니다. 주위에서 일어나는 사소한 일까지 항상 관심을 갖고 자꾸 끼려고 하는 성격의 반려견에게 필요합니다. 이런 성격의 반려견은 늘 마음이 들떠 있어 흥이 많고, 다른 반려견도 놀이에 동참시키는 등의 적극성을 보입니다. 항상 자신의 행동에 대해 확신에 차 있어 보이고 리더십이 있는 타입이지만, 심할 때는 독단적인 행동을 보이기도 합니다.

버베인은 열정이 넘치는 성격의 반려견이 차분해지고 휴식을 취할 수 있도록 도와줍니다. 만사에 매달리며 자기 뜻대로만 이뤄지길 꿈꾸기보다, 인생을 즐기고 시간이 흐르는 것을 지켜봄으로써 소소한 안락함도 느끼게 해줍니다.

| 바인 vine

바인은 포도나무를 말합니다. 권력에 대한 욕구가 강한 반려견에게 바인을 적용해야 할 수도 있습니다. 바인이 필요한 유형의 반려견들은 신체 능력이 뛰어나고 건강하며 힘도 셉니다. 똑똑하고 평소 리더십이 강한 편으로, 때때로 위압적인 성향을 보이며 힘을 앞세워 다른 개들을 굴복시키려 들기도 합니다. 함께 사는 다른 반려견을 공격하거나 지속적으로 괴롭히기도 합니다.

다른 반려견을 괴롭히는 반려견에게는 보조적으로 바인을 적용해줄 수 있습니다. 과도한 횡포를 부려 다른 반려견을 괴롭히지 않도록 행동 교육을 하는 동시에 적절하게 통제를 해주어야 합니다.

| 비치 beech

비치는 너도밤나무를 말합니다. 사람들도 저마다 성격이 다르고 각자의 개성이 있듯이, 반려견들도 각자 성격이 다릅니다. 우월감에 사로잡힌 반려견은 도도한 성격 때문에 다른 반려견의 좋은 점을 발견하지 못하기도 합니다. 성격이나 행동이 잘 맞지 않으면 이를 수용하지 못하고 싸우기도 하며, 그 때문에 스트레스를 받을 수 있습니다. 이러한 성격을 가진 반려견에게 비치는 포용력과 관용의 자세를 심어주어 불완전함 속에서도 좋은 점을 찾고, 유대감을 느낄 수 있도록 도와줍니다.

또한 완벽을 추구하는 성격 때문에 엄격한 생활 방식을 지키는 것을 좋아하는 반려견에게도 비치가 필요합니다. 이런 반려견은 생활 방식이 어긋나면 싫어하고 낯선 사람을 별로 좋아하지 않습니다. 고집도 매우 셉니다. 규칙적인 생활은 이롭지만, 항상 계획한 대로 굴러가는 것은 아니기에 때로는 유연한 자세도 필요합니다. 비치는 반려견이 예상치 못한 사건을 맞닥뜨렸을 때 과민반응하지 않고, 변화를 받아들이고 적응할 수 있도록 도와줍니다.

자신에게 매우 높은 기준을 적용해서, 완벽하지 않으면 자괴감에 빠지는 엄격한 성격의 반려견에게 필요한 레머디입니다. 이러한 성격의 반려견은 건강, 감정, 행동 등 다방면에서 스스로 정한 엄격한 규율을 지킵니다.

강박증에 가까운 엄격한 행동을 보이는 경우도 있습니다. 예를 들어 오후 5시에 저녁을 먹는다면 기가 막히게 5시만 되면 밥그릇 앞으로 가 밥을 달라고 짖기도 합니다. 또는 매일 오후 산책을 간다면, 하루도 빠지지 않고 산책을 가자고 조르곤 합니다. 산책할 때도 꼭 정해진 코스로만 가야 한다는 완벽주의적 행동 패턴을 보일 수 있습니다. 정해진 룰을 지키지 않으면 크게 스트레스를 느끼기 때문에 변화나 스트레스가 있는 환경에서는 잘 적응하지 못합니다. 록워터는 강박적인 성격을 좀 풀어주고, 상황에 따라 유연하게 대처하게 하며, 원하지 않게 벌어지는 사건들에도 관대하게 대하는 여유를 회복하도록 돕습니다.

가끔 인생은 예상치 못한 일이 벌어져서 힘들기도 하지만 그렇기 때문에 재미있고 풍성해지기도 합니다. 반려견의 삶도 마찬가지겠지요. 정해진 길만을 따라 지나치게 완벽한 생활을 고집하고 새로운 것들을 튕겨내다 보면 소소하지만 확실한 행복을 놓칠 수 있습니다. 이러한 성격의 반려견에게 록워터를 선물해주면 좋습니다.

한 동물을 사랑하기 전까지
우리 영혼의 일부는 잠든 채로 있다.

– 아나톨 프랑스

참고 문헌

- Baldwin K, Bartges J, Buffington T, Freeman LM, Grabow M, Legred J, et al. AAHA nutritional assessment guidelines for dogs and cats. 2010;46(4):285-96.
- Bartges J, Boynton B, Vogt AH, Krauter E, Lambrecht K, Svec R, et al. AAHA canine life stage guidelines. 2012;48(1):1-11.
- Bell KL. Holistic Aromatherapy for Animals: A Comprehensive Guide to the Use of Essential Oils & Hydrosols with Animals: Simon and Schuster; 2012.
- Brilliant J, Berloni W. Doga: Yoga For Dogs: Chronicle Books; 2003.
- Brooks D, Churchill J, Fein K, Linder D, Michel KE, Tudor K, et al. 2014 AAHA weight management guidelines for dogs and cats. 2014;50(1):1-11.
- Bryan B. Barking Buddha: Simple Soul Stretches for Yogi and Dogi: Skipstone; 2009.
- Fascetti AJ, Delaney SJ. Applied veterinary clinical nutrition: John Wiley & Sons; 2012.
- Force SCGT, Epstein M, Kuehn NF, Landsberg G, Lascelles BDX, Marks SL, et al. AAHA senior care guidelines for dogs and cats. 2005;41(2):81-91.
- Hand MS, Thatcher CD et al, Small Animal Clinical Nutrition, 5th Edition: Mark Morris Institute; 2010.
- Howard J. The Bach Flower Remedies Step by Step: A Complete Guide to Selecting and Using the Remedies: Random House; 2011.

- Inoue M, Kwan NC, Sugiura K. Estimating the life expectancy of companion dogs in Japan using pet cemetery data. J Vet Med Sci. 2018(80);1153-58.
- Keith ER. Essential Oil Use in Canine Veterinary Medicine: South Dakota State University; 2010.
- King LG, Boag A. BSAVA manual of canine and feline emergency and critical care: British small animal veterinary Association; 2018.
- Levine D, Marcellin-Little DJ, Millis DL, Tragauer V, Osborne JA. Effects of partial immersion in water on vertical ground reaction forces and weight distribution in dogs. Am Vet Med Assoc; 2010.
- Lindley S, Watson P. BSAVA manual of canine and feline rehabilitation, supportive and palliative care: case studies in patient management: British Small Animal Veterinary Association; 2010.
- Macintire DK, Drobatz KJ, Haskins SC, Saxon WD. Manual of small animal emergency and critical care medicine: John Wiley & Sons; 2012.
- Millis D, Levine D. Canine rehabilitation and physical therapy: Elsevier Health Sciences; 2013.
- Robertson J, Mead A. Physical therapy and massage for the dog: CRC Press; 2013.
- Xie H, Preast V. Xie's veterinary acupuncture: John Wiley & Sons; 2013.
- Zink C, Van Dyke JB. Canine sports medicine and rehabilitation: John Wiley & Sons; 2018.
- Delaney SJ. [Available from: www.balanceit.com] Accessed March 2019.
- Purina. [Available from: https://www.proplan.com/dogs/dog-age-calculator] Accesed March 2019.

서울대 수의사 언니의 똑건한 강아지 육아 가이드

반려견 홈케어

초판 1쇄 발행 2019년 4월 11일
초판 4쇄 발행 2022년 12월 30일

지은이 김나연
펴낸이 김선준

편집1팀 임나리, 이주영 **디자인** 김세민
마케팅 권두리, 이진규, 신동빈 **홍보** 한보라, 이은정, 유채원, 권희, 유준상
경영관리 송현주, 권송이
외주교정 공순례 **일러스트** 김은혜 jjo00900@gmail.com

펴낸곳 ㈜콘텐츠그룹 포레스트 **출판등록** 2021년 4월 16일 제2021-000079호
주소 서울시 영등포구 여의대로 108 파크원타워1 28층
전화 02) 332-5855 **팩스** 070) 4170-4865
홈페이지 www.forestbooks.co.kr
종이 ㈜월드페이퍼 **출력·인쇄·후가공·제본** 한영문화사

ISBN 979-11-89584-21-4 (13490)

· 도서의 국립중앙도서관 출판예정도서목록(CIP)은 서지정보유통지원시스템 홈페이지(http://seoji.nl.go.kr)와 국가자료공동목록시스템(http://www.nl.go.kr/kolisnet)에서 이용하실 수 있습니다.
(CIP제어번호: CIP2019011380)